军用计算机检测与维修

陈建明　向阳霞　金传洋　王洪艳　编著

国防工业出版社

·北京·

内 容 简 介

本书主要以军用办公计算机为基础，讲述军用计算机维护维修的基本知识、常用检测方法、数据恢复与数据销毁的基本方法，并以某型装备为例，重点介绍基于实物仿真的装备维修训练系统。

全书共分 8 章，依次为概论、计算机部件维修检测与维护、计算机硬件系统性能检测、军用软件维护与故障处理技术、注册表维护技术、数据恢复技术、数据销毁技术和基于实物仿真的装备维修训练等。

本书可作为高等院校计算机专业的高年级本科生的参考教材，也可作为计算机维修人员的参考书。

图书在版编目（CIP）数据

军用计算机检测与维修 / 陈建明等编著. 一北京：
国防工业出版社，2018.6
ISBN 978-7-118-11589-5

Ⅰ. ①军… Ⅱ. ①陈… Ⅲ. ①军用品－电子计算
机－维修 Ⅳ. ①TP307

中国版本图书馆 CIP 数据核字（2018）第 113606 号

※

*国防工业出版社*出版发行

（北京市海淀区紫竹院南路 23 号 邮政编码 100048）
三河市众誉天成印务有限公司
新华书店经售
*

开本 710×1000 1/16 印张 13½ 字数 243 千字
2018 年 6 月第 1 版第 1 次印刷 印数 1—1500 册 定价 68.00 元

（本书如有印装错误，我社负责调换）

国防书店：(010)88540777 发行邮购：(010)88540776
发行传真：(010)88540755 发行业务：(010)88540717

前　言

随着军队机械化、信息化水平的逐步提高，多种类型的军用计算机将用于从单兵到全军的各个层次的指挥作战系统，用于信息处理和系统控制的武器装备系统，用于军队日常的办公自动化系统。由于计算机应用无处不在，给计算机维护维修提出了新的、更多的要求。

对于专门设计的军用计算机的维修是由专门的部门来完成，一般使用者不能拆装，只能做日常维护工作。而以民用计算机为基础的军用计算机，尤其是具有办公自动化用途的计算机，使用者可以进行简单的维修。总之，军用计算机部件维修检测是一项非常复杂的技术工作，非一般人员所为，需要专门工程师来完成。但是，作为计算机使用者来说，需要掌握计算机部件的维修常识，在不动用内部元器件的情况下进行适当维修是必要的。本书旨在为计算机使用者建立起对计算机常用故障的维护维修概念，提供对常用故障的日程维护和常规维修检测的常识，使军用计算机发挥更大的作用。

全书共分 8 章，依次为概论、计算机部件维修检测与维护、计算机硬件系统性能检测、军用软件维护与故障处理技术、注册表维护技术、数据恢复技术、数据销毁技术和基于实物仿真的装备维修训练等。

第 1 章主要讲述军用计算机的基本概念、计算机系统故障产生的原因和基本诊断方法等。使读者对军用计算机系统的故障维修有一个基本认识，建立起军用计算机检测与维修的概念。

第 2 章主要针对军用计算机硬件各部件的常见故障进行维修检测，包括 CPU、主板、显示、内存、硬盘、网络、光驱、声卡、键盘鼠标和电源等部件，并对当前车载计算机的日常使用维护进行了规范说明。

第 3 章主要介绍用于检测计算机硬件系统性能的软件工具，包括 CPU、主板、显示、内存、硬盘、U 盘、光驱、声卡、电源及整机等部件的性能检测。

第 4 章简要说明军用软件的基本概念、军用软件维修的基础知识，介绍了军用软件故障的类型及简易排除方法，并针对日常应用介绍了几种软件维护基本方法。

第 5 章主要介绍 Windows 操作系统中注册表的基本知识、结构及维护和管理，并对维护和管理注册表的常用工具和方法进行了介绍。

第 6 章主要讲述数据恢复的基本概念和常用的数据恢复技术，通过典型的应用实例说明数据恢复过程。

第 7 章主要讲述数据销毁的基本概念和常用的数据销毁方法，并介绍了几种常用数据覆盖软件的应用实例。

第 8 章主要以某型两栖步战车上的驾驶员任务终端为例，说明车载计算机终端的维修检测过程。

本书的作者都是教学和科研一线的骨干教师，具有多年从事计算机检测与维修方面的教学和科研工作经验。全书由陈建明、向阳霞、金传洋、王洪艳编写，最后由陈建明教授对全书内容进行梳理和统稿。

全书编写过程中参考了大量文献，对文献作者表示感谢！

在本书的编写过程中，得到了信息工程系王维锋主任的帮助与指导，该系其他专家也提出了许多宝贵意见，在此表示衷心感谢！

由于时间紧迫，书中错误和疏漏之处敬请读者批评指正，可与作者本人联系（邮箱：cchjm@163.com）。

作者

2018 年 2 月

目　　录

第1章 概　　论

随着计算机应用的普及推广，计算机已经成为日常工作中必不可少、最具效率的应用工具，特别是在军事领域，许多武器装备上都有计算机应用的实例。很多人虽然已经能够非常熟练地使用计算机，但对于计算机的维护保养和一般的维修技能并不在行，一旦在工作中计算机出现小的毛病就完全束手无策。因此，有必要掌握一定的计算机系统维护知识和技能。

本章主要讲述军用计算机的基本概念、典型车载计算机系统的基本构成及计算机系统故障产生的原因和基本诊断方法等，使读者对军用计算机系统的故障维修有一个基本认识，建立起军用计算机检测与维修的概念。

1.1　军用计算机概念

1.1.1　军用计算机的定义

1. 定义

军用计算机包含的范围很广，有专门为军用设计制造的电子计算机；有以民用电子计算机为基础进行加固作为军用的电子计算机；还有将民用电子计算机配以适当部件和应用软件为军事服务的电子计算机。电子计算机是一种电子设备，能够自动地进行科学计算、数据处理、文件和事务处理、信号和图像处理、语言翻译、语音识别以及对一切可计算问题求解。

2. 分类

（1）按工作原理及所用电子器件分类：可分为模拟电子计算机和数字电子计算机两种基本类型；还有一种是从两种基本类型派生出来的混合计算机。电子计算机中，数字电子计算机通用性最强，应用面也最广，装机量在整个电子计算机中占有绝对多数，所以在未加说明时，计算机一词通常指的是数字电子计算机。数字电子计算机按其性能、规模及价格可分为巨型、大型、中型、小型及微型计算机。

（2）按应用范围分类：可分为专用计算机和通用计算机。

（3）按军事用途分类：可分为火控计算机、电子对抗计算机、制导计算机和导航计算机等。

（4）按装载平台分类：可分为车载计算机、舰载计算机、机载计算机、弹载计算机和航天器载计算机等。

（5）按应用环境分类：可分为军用普通型和加固型。加固型又分为通用加固型、专用加固型和全加固型。通用加固计算机：它对计算机高低温、温度冲击、湿热、振动冲击、跌落及运输都有要求，目前市场上有部分工控机可以达到要求，或是对工控机结构稍做加固处理即可，主要适用于车载有空调环境及舰载有空调舱室环境。专用加固型：除了通用加固型的要求外，还增加了外壳防护、霉菌及盐霉要求，甚至有的还有压力和噪声等要求，主要适应5类环境，即车载无空调、舰载无空调舱室、舰载有掩蔽舱外、潜艇及机载可控环境。全加固型：它是从计算机的体系结构和满足各种抗恶劣环境要求出发，严格按照一系列军用标准要求设计制造的，并且要得到指定机构的检验与认可。其造价比军用普通型计算机高很多，可适用于各种最恶劣的军事野战环境，可以在野外、车载、舰载、机载、水下和空中发射等环境中使用。设计的基本目标是全面满足军用规范与标准。

3．结构形式

军用计算机在结构上也有多种形式，例如上架式，即可安置在 19 英寸机柜上的军用计算机，一般机房或舰船上较多，如图 1-1 所示。又如便携式的军用计算机，可用于野外作业和作战，最常见的就是军用笔记本计算机，有许多厂商生产这类军用计算机，我国的计算机著名企业联想生产这类产品，如图 1-2 所示。

图 1-1　2U 上架式军用计算机　　　　图 1-2　军用笔记本计算机

有许多军用计算机需要在内部增加一些数据采集、通信、视频等功能的插卡，军用笔记本计算机由于没有安装插卡的扩展槽，因而就有了可扩展的军用便携式计算机，这类军用计算机外壳一般采用铝合金板制造，如图 1-3 所示。

1.1.2　装备中的计算机

在装甲装备中，随着信息化程度的提高，大量的内部控制设备都嵌入了计算机系统,如图 1-4 所示,以下是几个重要的概念。

图 1-3　可扩展的军用便携式计算机

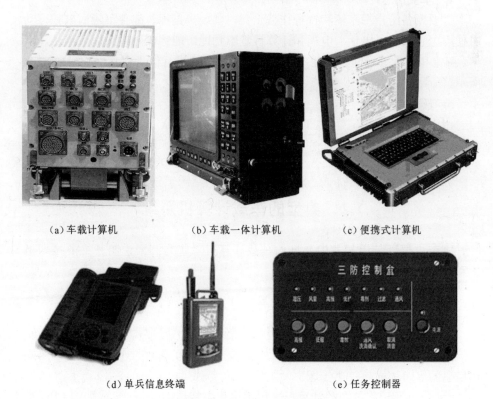

（a）车载计算机　　　　（b）车载一体计算机　　　　（c）便携式计算机

（d）单兵信息终端　　　　　　　（e）任务控制器

图 1-4　装备中的计算机系统

1. 车载计算机

　　主要应用于各种指挥和通信等专业车辆上,是指控通信、情报处理、通信管理、网络管理等系统中的重要信息终端设备,如图 1-4（a）所示,能够通过网络控制设备与车辆上通信信道链接进入一体化信息系统,具有信息存储、处理、管理、网络服务及各种无纸化作业等功能。

2．车载一体计算机

主要应用于坦克、步兵战车、自行火炮自行高炮等装甲武器装备平台和工程、防化、后勤、装备抢修等特业保障车辆上，它是各种武器平台的信息终端设备，如图 1-4（b）所示，能够通过车辆上通信信道链接进入一体化信息系统，用来实现战场信息的采集、存储、处理及指挥作业等功能。

3．便携式计算机

主要配备在师、团指挥与通信车辆上，用于停止间在车下控制车内信息系统，实现车下指挥功能，也可配备给侦察分队、步兵班组以及炮兵、工兵、防化等专业兵种在野外作业时使用，如图 1-4（c）所示。

4．单兵信息终端

主要配备给指挥车辆和特种作战士兵，供脱离指挥、战斗车辆后单独行动时使用。它集成了电话、电视和计算机基本功能，能够保障单兵完成语音、文字、图像和视频等不同媒体业务处理和对指定用户进行信息交互，如图 1-4（d）所示。

5．任务控制器

用于完成某一特定任务的控制设备，如图 1-4（e）所示。它由单片机、存储器和外围元件等组成。任务控制器有发动机控制器、电台控制器和三防控制器等。

1.2　典型的车载计算机系统

本节主要以装甲装备中典型的车载计算机系统为例来说明其主要技术指标和基本构成。

1.2.1　SXXXX 装甲指挥车载计算机

SXXXX 装甲指挥车载计算机装备在某型轮式、履带式装甲指挥车上，实现信息实时采集和处理指挥作业自动化，支持战术互联网的连接，以实现多媒体信息的纵向和横向快速传送。

SXXXX 装甲指挥车载计算机采用模块化拼装结构，通过集成加固 CPU 模块、加固 CPCI 无源底板、加固电源模块和加固扩展模块等功能模块，构成计算机系统。与目前市场上流行的 Intel 系列 PC 完全兼容。

1．主要技术指标

SXXXX 装甲指挥车载计算机主要技术指标如表 1-1 所示。

表 1-1　SXXXX 装甲指挥车载计算机主要技术指标

序　号	指标名称	主要技术指标
1	CPU	Pentium 266MHz
2	内存	128MB
3	IDE 硬盘	2.5 英寸加固硬盘一个，容量为 6GB
4	软驱接口	1 个
5	多串口	8 个扩展串口
6	并口	1 个标准并口
7	USB 口	4 个 USB 口
8	网卡	集成两个 10/100Mb/s 网卡
9	显卡	Compact PCI 总线标准，支持分辨率：1024×768，1280×1024
10	键盘/鼠标	加固型 84 键键盘，PS/2 接口，触摸式鼠标
11	电源	加固军用电源 26（±20%）直流电源
12	机箱	1/2ATR 密封机箱
13	操作系统	Windows、Windows NT

2. 组成结构

SXXXX 装甲指挥车载计算机系统的主机和显示器是分开的，如图 1-5 所示。其内部由下列部件组成。

1）CPU 板

CPU 板尺寸大小为 6U（233mm×160mm），除了具有 Compact PCI 总线信号外，还将其他信号，包括 IDE、串并口、网卡口、软驱口、键盘、鼠标接口等，也引到了无源底板上。

所用 CPU 板是采用 Intel 公司的 Mobile 型 Pentium Ⅱ CPU，主频为 233MHz，该 CPU 板的最大特点是低功耗，且集成度比较高，近乎于 all in one 主板，不仅具有标准微型机主板功能，还支持 4 个标准串行口和以太网接口。

2）显示卡

显示卡的尺寸为 3U（100mm×160mm），插在 Compact PCI 插槽上，选用美国 3D Labs 公司生产的 Permedia 2 显示芯片。该芯片支持高性能的二维/三维（2D/3D）图像显示功能，最大显示缓存可支持到 8MB，支持分辨率可以到 1280×1024，显示卡上的存储器芯片选用表贴封装的 100 针 SGARM 共 8 片，焊接在显示卡的正面和后面。

3）无源底板

无源总线底板是系统组成的桥梁和纽带，所有插板和电源要插在无源底板上才能正常工作，构成完整的系统，因此，无源底板的设计原则是尽量不放置有源器件和少放置一般元器件，通常仅仅只是走线，放置一些接插件，以保证无源底板尽可能少产生故障。

4）总线

Compact PCI（简称 CPCI）总线是由 PICMG（PCI Industrial Computers Manufacturers Group）指定的总线标准，电气性能同标准的 PCI 总线完全一样，主要是将办公领域的台式计算机系统中的普通 PCI 总线推广应用于工业及嵌入式应用领域中。

5）电源

电源为全密封加固电源，采用针插方式直接插在无源底板的专用电源插座上。采用目前常用的 ATX 电源标准，输出的信号有：+5V、+12V、−12V、+3.3V、+5VSB、PS−ON 信号和 power−good 信号。

6）机箱

采用 1/2 ATR 标准机箱，尺寸符合国军标 GJB 388—87 的要求，机箱主要由箱体、前面板和上下盖板组成。

打开上盖板可以插拔各个插板、电源和硬盘，打开下盖板可检测无源底板的各个点位，打开前面板可检修各电缆接插件，机箱后面有两个定位孔，可以将机箱与机架托架进行定位。机箱前面板有两个把手，可以方便搬抬机器。

（a）主机 （b）显示器

图 1-5　SXXXX 装甲指挥车载计算机

1.2.2　SXXXXC 装甲指挥车载计算机

SXXXXC 装甲车载计算机是某型装甲指挥车的计算机系统，主要适应新研装甲装备信息系统应用要求，实现信息实时采集和处理指挥作业自动化，支持战术互联网的连接，以实现多媒体信息的纵向、横向快速传送。提高其性能和装甲车载适应性，满足装甲装备信息系统研制和改装的需要。

SXXXXC 装甲指挥车载计算机兼顾现有装备空间有限和新研装备性能扩

展的需求,采用模块化拼装结构,通过集成加固 CPU 模块、加固 Compact PCI 无源底板、加固电源模块和加固扩展模块等功能模块,构成车载计算机系统,使结构更加紧凑,提高其性能和装甲车载适应性,满足装甲装备信息系统研制和改装的需要。

1.主要技术指标

SXXXXC 装甲指挥车载计算机的主要技术指标如表 1-2 所示。

表 1-2　SXXXXC 装甲指挥车载计算机的主要技术指标

序　号	指 标 名 称	主要技术指标
1	CPU	PM 1.4GHz
2	内存	512MB
3	IDE 电子盘	8GB
4	视频	1 路集成视频输入口,1 路扩展视频输入口
5	串口	4 个 RS232 串口
6	多串口	4 个扩展串口,其中 2 个与 CAN 接口复用
7	并口	1 个标准并口
8	USB 口	4 个 USB 口
9	网卡	集成两个 10/100Mb/s 网卡
10	显卡	集成 AGP 8MB 显卡,支持 1280×1024 真彩
11	声卡	集成声卡
12	扩展槽	8 个 3U Compact PCI 槽
13	键盘/鼠标	一体化键盘/鼠标
14	电源	250W 直流电源
15	机箱	3/4ATR 密封机箱
16	操作系统	Windows、VxWorks 等

2.组成结构

SXXXXC 装甲指挥车载计算机的主机和显示器的外部构成如图 1-6 所示。

SXXXXC 装甲指挥车载计算机内部结构由 CPU 板、无源底板、电源模块、扩展功能模块、箱体五大部分组成,具体如下。

1）CPU 板

CPU 板采用 CPCI 标准 6U 板卡结构,是计算机的核心部件,一些常用功能模块也都集成在这块板上,如显示、网络、串口、并口、USB 口、IDE 电子盘等,满足指控系统的基本控制功能;CPU 板具有宽温工作的性能,能够在 -43～+60℃正常工作。

（a）主机　　　　　　　　　　　　（b）显示器

图 1-6　SXXXXC 装甲指挥车载计算机

2）无源底板

无源底板是系统组成的桥梁和纽带，插上 CPU 板可完成其本地接口功能，若插入 3U 功能扩展板，则能进一步实现扩展接口功能，例如扩展串口、CAN 总线接口等。所有插板和电源均要插到无源底板上才能正常工作，构成一个完整的系统。

CPCI 无源底板布局包括：1 个 CPCI CPU 板插槽、8 个 CPCI 插槽和 1 个电源插座。

3）电源模块

采用 26V 直流输入，经 DC/DC 变换，输出计算机需要的工作电压。

4）扩展功能模块

CPCI 标准 3U 板卡结构，主要包括加固硬盘、加固多功能卡和加固视频采集卡等，提供指挥计算机的扩展功能，满足指控系统的多方面需求。

5）箱体

SXXXXC 装甲指挥车载计算机的箱体采用 3/4 ATR 加固密封机箱结构。箱体内部安装有无源底板，在该底板上插有 CPU 板、电源模块以及各种功能插板。

1.2.3　某型车载一体计算机

某型车载一体计算机是一款嵌入式一体计算机，装载在某型坦克上。它采用 Compact PCI 总线标准、10.4" LVDS 接口、800×600 显示屏和 4 线串口触摸屏。具有体积小、功能全等特点，特别适合空间相对狭小的各种战车。

1. 主要技术指标

某型车载一体计算机的主要技术指标如表 1-3 所示。

表 1-3　某型车载一体计算机的主要技术指标

序　号	指 标 名 称	技 术 指 标
1	系统总线	Compact PCI 总线
2	扩展槽	2 个 Compact PCI 槽
3	CPU	PIII 500MHz 以上
4	内存	≥128MB
5	电子盘	≥256MB
6	串口	3 个标准串口
7	USB 口	2 个 USB 口
8	网卡	1 个 10/100Mb/s 网口
9	显卡	内置 AGP 8MB 显卡 1280×1024 真彩
10	键盘	硅橡胶防水键盘
11	显示屏	10.4" LVDS 接口，800×600 显示屏
12	触摸屏	10.4"，4 线串口触摸屏
13	电源	26V 直流输入，支持超低电压工作
14	机箱	一体式密封机箱
15	操作系统	VxWorks

2．组成结构

某型车载一体计算机的外形如图 1-7 所示。

图 1-7　某型车载一体计算机的外形

某型车载一体计算机的内部结构由无源底板、CPU 板、电子盘、插板和机箱五大部分组成，具体如下。

1）无源底板

1 个无源底板提供各种插槽和插座，如 CPU 板插槽、CPCI 插槽、外设插座、LVDS、USB、键盘接口插座等。

2）CPU 板

CPU 板采用 6U 插槽结构，除了 CPCI 总线信号外，还集成了显示、串/并口、网口、USB、IDE、软驱口、键盘和鼠标等接口。

3）电子盘

CPU 板内装 1 个 2.5"IDE 接口和容量为 256MB 电子盘。

4）插板

1 块 CPU 板（内置各种功能模块）。各个插板均为垂直方向插入底板。

5）机箱

采用一体式密封加固机箱，内部结构布局采用插卡方式，CPU 板采用 6U 插槽结构，CPCI 外设板采用 3U 插槽结构。前面板为人机界面，安装有显示屏、触摸屏、USB 接口、各种开关及指示灯。

1.2.4　新型装甲车载一体计算机——车长任务终端

车长任务终端集车辆信息显示、操作控制、图像采集和处理、信息处理及存储、定位导航及电台接口等功能于一体，满足车长进行车际、车内指挥控制操作的需求。

1．主要技术指标

车长任务终端的主要技术指标如表 1-4 所示。

表 1-4　车长任务终端的主要技术指标

序　号	指标名称	技术指标
1	CPU	Intel Pentium-M 1.4 GHz
2	内存	≥256MB
3	电子盘	1GB（两块 512MB）
4	视频接口	1 路
5	串口	3 个标准串口
6	USB 口	1 个 USB 口
7	网卡	1 个 10/100Mb/s 网口
8	总线	1553B 总线接口 2 个（A、B 冗余） CAN 总线接口 2 个（A、B 冗余）
9	键盘	面板功能键 27 个，菜单键 9 个
10	显示屏	10.4" LVDS 接口，1024×768 具有触摸屏功能
11	电源	26V 直流输入，支持超低电压工作

（续）

序　号	指 标 名 称	技 术 指 标
12	机箱	一体式密封机箱
13	操作系统	VxWorks 5.4

2．组成结构

车长任务终端选用装甲车载计算机系统统型标准中的通用显控终端，主机与显示屏一体式结构。车长任务终端总体结构由箱体、前面板、下盖板、上盖板和电缆安装板 5 部分组成。前面板上安装电源开关、除雾开关、自毁开关、除雾屏蔽玻璃、触摸屏、电池盒、触摸屏控制板、USB 插座和键盘模块（包括按键橡胶板、键盘电路），按键位于前面板液晶显示屏右侧和下侧，右侧按键分为 9 行、每行 3 个，下侧 1 行 9 个，总共 36 个按键。

车长任务终端外形结构如图 1-8、图 1-9 所示，实物图如图 1-10 所示。

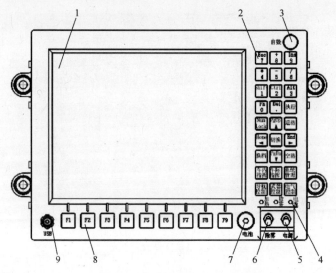

图 1-8　车长任务终端正面外形结构

1—显示屏；2—功能键（27 个）；3—自毁开关；4—指示灯；5—电源开关；

6—除雾开关；7—电池盒；8—菜单键（9 个）；9—USB 外部接口。

1.2.5　新型装甲车载一体计算机——驾驶员任务终端

驾驶员任务终端具有综合显示、设备控制、总线数据记录和保障信息提取的功能。

1．主要技术指标

驾驶员任务终端的主要技术指标如表 1-5 所示。

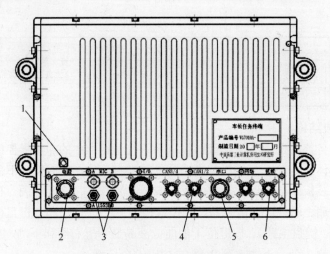

图 1-9　车长任务终端背面外形结构

1—接地柱；2—电源接口；3—1553B 总线接口；4—CAN 总线接口；5—串口接口；6—视频接口。

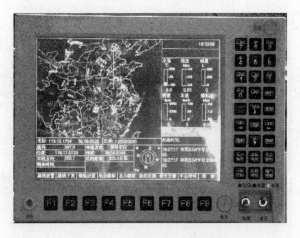

图 1-10　车长任务终端实物图

表 1-5　驾驶员任务终端的主要技术指标

序　号	指标名称	技术指标
1	CPU	PowerPC MPC8540，主频 667MHz
2	内存	128MB
3	电子盘	256MB
4	串口	3 个标准串口
5	USB 口	1 个 USB 口
6	网卡	1 个 10/100Mb/s 网口

（续）

序　　号	指标名称	技术指标
7	总线	2 个 1553B 总线接口（A、B 冗余） 2 个 CAN 总线接口（A、B 冗余）
9	键盘	16 个面板功能键，10 个菜单键
9	显示屏	10.4" LVDS 接口，1024×768
10	电源	26V 直流输入，支持超低电压工作
11	机箱	一体式密封机箱
12	操作系统	VxWorks 5.4

2．组成结构

　　驾驶员任务终端选用装甲车载计算机系统统型标准中的通用显控终端，主机与显示屏一体式结构。驾驶员任务终端总体结构由前面板、箱体、上盖板、下盖板和电缆安装板 5 部分组成。前面板上安装电源开关、除雾开关、自毁开关、除雾玻璃、电池盒、USB 插座、调试串口插座和键盘模块（包括橡胶按键、键盘电路），键盘模块 26 个按键，屏幕左侧和右侧各 1 列 8 个共 16 个，屏幕下方 1 行共 10 个。

　　驾驶员任务终端外形结构如图 1-11、图 1-12 所示，实物图如图 1-13 所示。

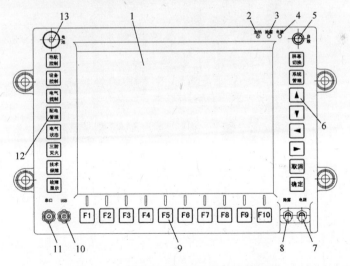

图 1-11　驾驶员任务终端正面外形结构

1—显示屏；2—加热指示灯；3—除雾指示灯；4—电源指示灯；5—自毁开关；6—专用功能键（8 个）；

7—电源开关；8—除雾开关；9—菜单键（10 个）；10—USB 外部接口；11—调试串口接口（前面板）；

12—功能键（8 个）；13—电池盒。

13

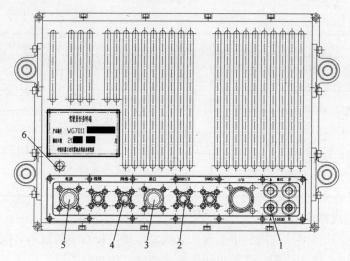

图 1-12　驾驶员任务终端背面外形结构

1—1553B 总线接口（A、B 两路）；2—CAN 总线接口；3—串口接口；

4—网络接口；5—电源接口；6—接地柱。

图 1-13　驾驶员任务终端实物图

1.3　计算机系统故障

1.3.1　计算机故障类型

　　在使用过程中，由于计算机中配件非常多，会因为人为原因或其他方式的改变而造成计算机内部设置的变化，因此产生故障的原因也很复杂，严重影响了计算机的正常运行。下面分别从不同的角度介绍计算机常见故障类型及引起计算机故障的原因。

1. 硬件故障和软件故障

根据故障的性质可分为硬件和软件故障。硬件故障指计算机中的板卡部件及外部设备等硬件发生接触不良、性能下降、电路元件损坏或机械方面问题引起的故障。硬件故障一般分"真"故障和"假"故障两种。"真"故障是指各种板卡、外设等出现电气故障或机械故障，属于硬件物理损坏。"真"故障主要是由于外界环境、操作不当、硬件自然老化或产品质量低劣等原因所引起的。"假"故障是指计算机主机部件和外设均完好无损，但由于用户粗心或无知、日久自然形成的接触不良、CMOS 设置错误、负荷太大、电源的功率不足或 CPU 超频使用等原因导致整机不能正常运行或部分功能丧失的故障。"假"故障一般与硬件参数配置不当或外界环境等因素有关。硬件故障通常导致无法开机、系统无法启动、某个设备无法正常运行、死机、蓝屏等故障现象，严重时还常常伴随烧烫、鸣响和电火花等现象。对于硬件故障，只要正确区分故障的类型，就可以很快找出发生故障的设备和原因。

软件故障指计算机硬件完好，由于计算机的系统配置参数不当、软件不兼容、软件本身有问题、操作使用不当和计算机病毒入侵等因素引起的计算机不能正常工作的故障。软件故障通常导致系统无法正常启动、软件无法正常运行、死机和蓝屏等故障现象。

2. 关键部件故障和非关键部件故障

根据对计算机系统的影响，可以将故障分为关键部件故障和非关键部件故障。

电源、CPU、内存条、显示卡和硬盘等设备是组成最小系统的关键部件，其他为非关键部件。如果计算机能启动到操作系统，即可以排除关键性部件发生故障的可能性。关键部件的故障一般在系统上电自检期间就会表现出来，关键部件如果发生故障，一般会导致系统死机。

3. 接触故障、系统设置故障、电路故障

根据故障产生的原因不同，可分为 3 种：接触故障、系统设置故障和电路故障。

接触故障是指在设备完好的情况下，由于设备工作所需要的电源线、控制线安装错误或产生松动造成的故障，如硬盘的控制线接反或松动。接触性故障一般采用插拔法可以解决。

系统设备故障是由 CMOS 设置错误造成，如 CPU 的频率、硬盘接口的开启、内存的 CAS 等待时间等，如设置错误，系统就不能识别甚至不能启动。

电路故障指设备电路已经损坏，必须进行维修或更换。

4. 稳定性故障和不稳定性故障

根据故障现象是否固定，可分为稳定性故障和不稳定性故障。

稳定性故障是由于元器件功能失效、电路断路和短路引起，其故障现象稳定，易于查找。而不稳定性故障往往是由于插件松动造成接触不良，元件引脚焊点氧化造成接触不良，元器件性能变差等原因造成。不稳定性故障极具偶然性，往往在受热、震动或其他特定条件下才会发生，使系统处于时而正常、时而不正常的临界状态。

5．局部性故障和全局性故障

根据应用范围不同，可分为局部性故障和全局性故障。

局部性故障指故障发生后，只影响系统的某一个或几个功能，而其他功能仍可正常运行。例如，鼠标有故障时无法用其进行定位输入，但其他功能不受影响，可以正常工作。

全局性故障指此故障发生后，整个系统都不能正常运行。例如，若电源或主板出现故障，将影响整个计算机系统的工作。

6．独立性故障和相关性故障

根据故障表现现象不同，可分为独立性故障和相关性故障。

独立性故障指设备损坏后，故障表现的现象指向的也是该设备。

相关性故障指设备损坏后，故障表现的现象指向的是与该设备相关联的另一设备。相关性故障具有迷惑性，常常使维修人员不能准确判断故障原因。相关性故障虽然不容易判定，但其故障现象常会引起多方面功能不正常，可以用替换法来排除故障关联设备。

1.3.2　计算机故障的维修原则

在检查和维修计算机故障时，应遵循以下原则。

1．从简到繁

从简到繁是指处理故障时需要先从简单的事情做起。这样有利于集中精力进行故障的判断与定位。一定要注意，必须通过认真的观察后，才可以进行判断与维修。

在计算机出现故障时应进行以下 5 点检查：

（1）检查主机外部的环境情况，如故障现象、电源、连接和温度等；

（2）检查主机内部的环境，如灰尘、连接、器件的颜色、部件的形状和指示灯的状态等；

（3）查看计算机的软硬件配置，包括所安装的硬件型号；

（4）查看资源的使用情况，使用的是何种操作系统，安装了哪些应用软件；

（5）查看硬件设备的驱动程序版本等。

2．先分析后维修

先分析后维修是指维修时根据现象要先想后做，即根据故障现象，先想好怎样做，何处入手，再实际动手。尽可能地先查阅相关的资料，看有无相应的技术要求、使用特点等，然后根据查阅到的资料，结合自己的知识经验进行分析判断，再着手维修。

3．先查软件故障后查硬件故障

判断故障时，应先检查软件方面的问题，后检查硬件方面的问题。软件方面主要检查应用软件是否正常、操作系统问题和系统设备问题等。硬件方面主要检查 BIOS 设置、硬件参数设置、硬件冲突、硬件不兼容和硬件损坏等问题。

计算机故障比较复杂，涉及的部件较多，维修难度较大，因此在维修时为了能更快地找到故障原因，需要遵守基本的维修原则，提高维修效率。

1.3.3　计算机故障的维修流程

当计算机出现故障后，首先不要手忙脚乱，要有条不紊地逐步分析检测故障的原因，然后将它排除。

计算机故障具体处理流程如下：先了解故障情况，再判断定位故障，最后维修故障。

1．了解故障情况

了解故障情况即在维修前，与用户进行充分沟通，了解故障发生前后的情况，对故障进行初步的判断。如果能了解到故障发生前后详细的情况，将使现场维修效率及判断的准确性得到提高。与用户交流，这样不仅能初步判断故障部位，也对准备相应的维修备件有帮助。

2．判断定位故障

判断定位故障即在与用户充分沟通的情况下，确认用户所描述的故障现象是否存在，并对所见现象进行初步的判断和定位，并确认是否还有其他故障存在，找出产生故障的原因。

3．维修故障

维修故障即在找到故障原因的情况下，排除系统的故障。在进行检修判断的过程中，如有可能影响到所存储的数据，一定要做好备份或保护措施，才可继续进行。

1.4　计算机系统故障原因分析

1.4.1　硬件故障产生的原因

1．电子元件失效

电子元件的失效分为突然失效和老化失效。突然失效是元件参数急剧变化

17

造成的。这一失效形式通常表现为电子部件的开路或短路。例如：电子元件因焊接不牢造成开路，或因灰尘颗粒造成电子线路的短路，或电容因电解质击穿造成短路。老化失效是因为电子元件制造误差、环境温度变化大、材质变质、电力负荷改变、外界电源波动、制造工艺不良、随机影响等因素造成，它们会使电子元件性能逐渐变差。

电子元件失效的主要影响因素有：

（1）温度。高温会降低电子元件可靠性，许多电子元件对高、低温有要求，必须在此温度内工作才正常，长期在高温或低温下工作会引起参数变化。例如，当风扇坏时，CPU 的工作温度迅速上升，导致 CPU 停机，系统无法工作，直至烧坏 CPU。一般来说，计算机正常工作的温度在 10～30℃。

（2）湿度。湿度过高会使封装不良的电子元件遭到腐蚀或短路；湿度过低极易产生静电。一般相对湿度在 40%～60%为宜。

（3）振动。振动和冲击会使一些内部有缺陷的电子元件加速失效，或造成电路接触不良，甚至造成线路断裂。

（4）电压。电压不稳会使电子元件加速失效。特别是像电容等失效率成指数级变化。

（5）漏电。漏电故障主要有电解电容发热及漏液、印制电路和元件漏电、机箱漏电等。

2．机械部件失效

（1）接触不良。连接线接触不好、数据线脱落等均使设备工作异常。

（2）工艺缺陷。各种总线、接口插槽、接头等由于工艺不规范，维修过程中反复插拔，容易导致接触部分擦伤或脱落。例如：内存条的金手指脱落。

（3）机械变形。计算机中的一些机电部件容易引发故障。例如：光驱门打不开，板卡变形插不进计算机主板插槽等。

1.4.2　软件故障产生的原因

产生软件故障的主要原因有以下几种。

1．非法操作

非法操作是由于人为操作不当造成的。例如，卸载程序时不使用程序自带的卸载程序，而直接将程序所在文件夹删除，或因感染病毒后，被病毒删除了该程序的部分文件导致系统故障，这样一般不能完全卸载该程序，反而会使系统留下大量的垃圾文件，成为系统产生故障的隐患。

2．病毒破坏

计算机病毒会给系统带来难以预料的破坏，有的病毒会感染硬盘中的可执行文件，使其不能正常运行；有的病毒会破坏系统文件，造成系统不能正常启动；还有的病毒会破坏计算机的硬件，使用户蒙受更大的损失。

3．软件冲突

有些软件在运行时与其他软件有冲突，相互之间不兼容。如果有冲突的两种软件同时运行，可能会终止程序的运行，严重的会导致系统崩溃。比如典型的例子是杀毒软件，如果系统中存在多款杀毒软件，很容易造成系统不稳定。

4．误操作问题

误操作是指用户在使用计算机时，误将有用的系统文件删除或者执行了格式化命令，这样会使硬盘中重要的数据丢失。

5．软件设计中存在的问题

由于软件设计中存在软件错误或漏洞，在平时可能看不出问题，但一旦系统与某些应用软件产生冲突，或者受到病毒的攻击，就会产生灾难性的后果。

软件故障的种类非常多，但是只要解决软件故障的思路正确，那么应付故障就比较轻松了，下面将介绍解决软件故障的方法。

1）重新安装应用程序

如果是应用程序出错，可以将此程序先卸载后重新安装，多数情况下，重新安装程序可以解决很多出错的故障。同样，重新安装驱动程序也可修复设备因驱动程序出错而发生的故障。

2）错误提示

软件故障发生时，系统一般都会给出错误提示，用户需要仔细阅读提示，根据提示来处理故障常常可以事半功倍。

3）升级软件版本

有些低版本的程序存在漏洞，容易在运行时出错。一般来说，高版本的程序比低版本的程序更加稳定，因此，如果一个程序在运行中频繁出错，可以升级该程序的版本。

4）利用杀毒软件

当系统出现莫名其妙的运行缓慢或者出错情况时，通过杀毒软件扫描系统来查看是否存在病毒。

5）寻找丢失的文件

如果系统提示某个文件找不到了，可以从其他使用相同操作系统的计算机中复制一个相同的文件，也可以从操作系统的安装光盘中提取原始文件到相应的系统文件夹中。

1.4.3 环境故障产生的原因

计算机运行环境条件不符合要求或用户操作不当时，都会引起计算机故障，主要有以下几方面的原因。

1．系统设置问题

计算机系统中有许多硬件和软件设置项，需按需进行设置。例如：BIOS设置、显示器面板上的按键设置和音量开关设置等。

2．系统新特性

有些故障现象是硬件或操作系统的新特性引起的。例如：自动关闭显示器、关闭硬盘灯。

3．灰尘的影响

主机内灰尘日积月累，长期空气潮湿变化，会使电路板的线路、插座、接头等氧化，干扰信号，导致故障不断。例如，内存条与主板插座之间的灰尘过多会使内存条工作异常而导致开机不正常。

4．人为故障

有意无意地拉断电缆或接错电缆等使机器工作异常。因此，当发生故障应先检查连接件是否松动、接错等。

5．电源插座和开关

电源插座或开关本身有故障，或电源电压不稳都会导致计算机系统故障，因此应先检查该部分是否有故障。

1.5　计算机故障的诊断方法

计算机系统是一个复杂的机电组合系统，要判断和排除计算机系统故障并进行维修，必须掌握一些维修方法，并针对机器的故障灵活运用。常用的计算机故障检测方法有如下几种。

1．观察法

观察法就是通过眼看、耳听、手摸、鼻闻等方式检查计算机比较明显的故障。观察时不仅要认真，而且要全面。通常观察的内容如下：

（1）维修时观察周围的环境，包括：电源环境、其他高功率电器、电磁场状况、机器的布局、网络硬件环境、温湿度、环境的洁净程度，安放计算机的台面是否稳固，周围设备是否存在变形、变色、异味等异常现象。

（2）注意计算机的硬件环境，包括：机箱内的清洁度、温湿度，部件上的跳接线设置、颜色、形状、气味等，部件或设备间的连接是否正确；有无错误或错接、缺针/断针等现象。

（3）注意计算机的软件环境，包括：系统中加载了何种软件，它们与软、硬件间是否有冲突或不匹配的地方；除标配软件及设置外，要观察设备、主板及系统等驱动、补丁是否安装、是否合适。

（4）在加电过程中注意观察元件的温度、是否有异味和是否冒烟等；系统时间是否正确等。

（5）在拆装部件时要有记录部件原始安装状态的好习惯，且要认真观察部件上元件的形状、颜色、原始的安装状态等情况。

（6）在维修前，如果灰尘较多，或怀疑是灰尘引起的故障，应先除尘。

2. 敲打法

敲打法一般用在怀疑计算机中的某插件有接触不良的故障时，通过振动、适当的扭曲，甚或用橡胶锤敲打插件或设备的特定插件来使故障复现，从而判断故障插件的一种维修方法。

3. 拔插法

拔插法是通过将芯片或卡类设备"拔出"或"插入"来寻找故障部件原因的方法，这种方法虽然简单，却是一种常用的有效方法。拔插法的操作过程是：针对故障系统依次拔出卡类设备，每拔一块，然后开机依次测试计算机状态。一旦拔出某设备后，计算机故障消失，则故障肯定由此设备引起，接着就针对此设备检查故障原因，很快即可找到。需要注意的是，利用拔插法检查设备故障时应关闭计算机，因为热插拔会导致计算机部件损坏。

因此，拔插法适应于查找接触不良的故障和板块存在短路的故障。

4. 逐步添加/去除法

逐步添加法，以最小的系统为基础，每次只向系统添加一个配件设备或软件，来检查故障现象是否消失或发生变化，以此来判断并定位故障的部位。逐步去除法，正好与逐步添加法的操作相反。逐步添加/去除法一般要与替换法配合，才能较为准确地定位故障部位。

计算机发生故障后，将计算机主板上所有非关键配件拆除，只保留 CPU、内存、显示卡等，逐一添加其他配件，如果在添加某个配件后计算机出现相同故障，说明此配件就是造成故障的配件。

5. 替换法

替换法是用相同的插件、部件、器件进行替换可能存在故障的配件，以判断故障现象是否消失的一种维修方法。首先应检查与怀疑有故障的配件相连接的连接线是否有问题，然后替换怀疑有故障的配件，接着替换供电配件，最后替换与之相关的其他配件。替换法按先简单后复杂的顺序进行替换。

6. 最小系统法

最小系统法，主要是判断在最基本的软、硬件环境中，系统是否可正常工作。如果不能正常工作，即可判定最基本的软、硬件插件有故障，从而起到故障隔离的作用。

软件最小系统法是指能使计算机开机运行的最基本的软件环境。此最小系统主要用来判断系统是否可完成正常的启动和运行。硬盘中的软件环境，一般只有一个基本的操作系统环境，没有安装任何应用软件（可以卸载所有应用软件，或者重新安装操作系统），然后根据分析判断的需要加载需要的应用软件。使用一个干净的操作系统环境，用来判断是系统问题、软件冲突问题或是软、硬件间的冲突问题。

硬件最小系统指去掉计算机主机内的硬盘、软驱、光驱、网卡、声卡等设备，只保留电源、主板、CPU、内存、显卡和显示器。在这个系统中，没有任何数据信号线的连接，只有电源到主板的电源连接。在判断过程中可以通过声音及显示的画面来判断计算机的核心组成部分是否正常工作。如果可以工作，则故障部件在最小系统外的其他部件，再配合逐渐添加/去除法进行判断排除；如果不可以工作，则故障部件在最小系统中，再配合替换法对组成最小系统的部件进行检查。

7．工具诊断法

主板诊断卡利用计算机系统的开机自检程序，可对电源、主板、CPU、内存条、显示卡、硬盘、键盘、打印机接口等进行检测，并显示出便于识别的错误代码。借助诊断卡等工具进行检查，可方便地检测到故障原因和故障部位，对维修人员来说是必不可少的工具。

程序测试法是针对运行不稳定等故障，采用专门的软件（如 3D Mark2003、WinBench 等）来对计算机的软、硬件进行测试，经过这些软件反复测试而生成报告文件，就可以比较轻松地找到一些由于运行不稳定引起的一些计算机故障。

8．比较法

比较法是利用万用表、示波器等仪器对怀疑有故障的部件测量的电压、波形等数值与正确的进行比较，从而找出故障部位。当怀疑故障机某部件有问题时，分别测试运行正常机器和故障机器中的相同部件，用正确的特征（如波形或电压）与错误的特征进行比较，顺藤摸瓜，查找故障。

9．清洁法

计算机在使用的过程中非常容易积聚灰尘，而灰尘会对计算机中部件的电路板造成腐蚀，导致其配件接触不良或工作不稳定。通过对主板、显卡等部件的清洁，可以找到故障的原因并排除故障。

10．安全模式法

安全模式法是指从 Windows 操作系统中的安全模式启动计算机对软件系统进行诊断的方法。安全模式法通常用来排除注册表故障、驱动程序损坏故障、系统故障等。在安全模式启动的过程中就会对系统中的问题进行修改，启动后再退出系统重新启动到正常模式即可。

　　总之，为了排除故障，首先要设法查出产生故障的原因。为了能正确并迅速地查出故障原因，在方法上要从一些简单检查方法入手，逐步运用复杂的方法进行检查。一般来说，开始是判断故障的大致部位，接着压缩故障范围，最后查明故障点。判断故障部位与故障性质不能截然分开，而是有机地结合在一起。

第 2 章　计算机部件维修检测与维护

　　根据第 1 章军用计算机的定义、分类，对于专门设计的军用计算机的维修由专门部门来完成，一般使用者不能拆装，只能做日常维护工作。而以民用计算机为基础的军用计算机，尤其是办公自动化用途的计算机，可以进行简单的维修。总之，军用计算机部件维修检测是一项非常复杂的技术工作，需要专门工程师来完成。但是，作为计算机使用者来说，应能掌握计算机部件的维修常识，在不动用内部元件的情况下进行适当维修是必要的。

　　本章主要针对计算机硬件各部件的常见故障进行维修检测，包括 CPU、主板、显示、内存、硬盘、网络、光驱、声卡、键盘鼠标和电源等部件，并对当前车载计算机的日常使用维护进行规范说明。

2.1　概　　述

2.1.1　装备维修的概念

1．维修的定义

　　《中国人民解放军装备维修工作条例》第五章维护与修理中对装备的维护和修理做出如下的定义：

　　装备维护：装备维护是为使装备保持规定的性能所进行的技术活动，包括试运转维护、日常维护、等级（定时/定程）维护、特殊环境下的维护、换季维护和保管封存等内容。

　　装备修理：装备修理是为使装备恢复规定的性能所进行的技术活动，包括装备的小修、中修和大修。

　　装备修理应当按照规定的修理级别，采取军队修理与地方修理、部队修理与军队工厂修理、划区修理与建制修理相结合的方法，由相应的装备维修保障机构组织实施。

2．维修的内容

　　装备维修的基本内容包括维护保养、检查和修理。

　　1）维护保养

　　维护保养的内容是保持设备清洁、整齐、润滑良好、安全运行，包括及时紧固松动的紧固件，调整活动部分的间隙等。简言之，即"清洁、润滑、紧固、调整、防腐"十字作业法。实践证明，装备的寿命在很大程度上决定于维护保养的好坏。维护保养按照工作量大小和难易程度分为日常保养、一级保养、二级保养、三级保养等。

日常保养，又称例行保养。其主要内容是：进行清洁、润滑和紧固易松动的零件，检查零件和部件的完整。这类保养的项目和部位较少，大多在装备的外部。

一级保养，主要内容是：普遍地进行拧紧、清洁、润滑和紧固，还要部分地进行调整。日常保养和一级保养一般由装备操作人员承担。

二级保养。主要内容是：内部清洁、润滑、局部解体检查和调整。

三级保养。主要是对设备主体部分进行解体检查和调整工作，必要时对达到规定磨损限度的零件加以更换。此外，还要对主要零部件的磨损情况进行测量、鉴定和记录。二级保养、三级保养在操作人员参加下，一般由专职保养维修人员承担。

在各类维护保养中，日常保养是基础。保养的类别和内容，要针对不同设备的特点加以规定，不仅要考虑到设备的生产工艺、结构复杂程度、规模大小等具体情况和特点，同时要考虑到不同工业企业内部长期形成的维修习惯。

2）检查

装备检查，是指对装备的运行情况、工作精度、磨损或腐蚀程度进行测量和校验。通过检查全面掌握机器设备的技术状况和磨损情况，及时查明和消除装备的隐患，有目的地做好修理前的准备工作，以提高修理质量，缩短修理时间。

检查按时间间隔分为日常检查和定期检查。日常检查由装备操作人员执行，同日常保养结合起来，目的是及时发现不正常的技术状况，进行必要的维护保养工作。定期检查是按照计划，在操作者参加下，定期由专职维修人员执行。目的是通过检查，全面准确地掌握零件磨损的实际情况，以便确定是否有进行修理的必要。

检查按技术功能，可分为机能检查和精度检查。机能检查是指对装备的各项机能进行检查与测定，如是否漏油、漏水、漏气，防尘密闭性如何，零件耐高温、高速、高压的性能如何等。精度检查是指对装备的实际加工精度进行检查和测定，以便确定设备精度的优劣程度，为装备验收、修理和更新提供依据。

3）修理

装备修理，是指修复由于日常的或不正常的原因而造成的装备损坏和精度劣化。通过修理更换磨损、老化、腐蚀的零部件，可以使装备性能得到恢复。装备的修理和维护保养是装备维修的不同方面，二者由于工作内容与作用的区别是不能相互替代的，应把二者同时做好，以便相互配合、相互补充。

根据修理范围大小、修理间隔期长短、修理费用多少，装备修理可分为小修、中修和大修三类。

小修是对装备使用中的一般故障和轻度损坏进行的修理。其性质属于装备的运行性修理，是一种无计划的零星修理，主要修复或更换在运转过程中发生的临时故障和局部损伤。小修一般只更换易损件，不更换基础件。

中修是对装备主要系统、部件进行的恢复性能的修理。其性质属于装备的平衡性修理，即修复装备的某些部分，使其与其他未修理的部分能继续配套使用。新机和大修后的装备经过一段时间使用后，有的磨损较快，有的较慢，这种状况的不平衡，使装备难于协调一致地正常工作。为此，需进行中修以消除各总成损坏的不平衡状态，以尽可能延长大修间隔期。

大修是指装备进行全面彻底的恢复性修理。它是在装备运转到一定的时间后经过技术鉴定、确认多数总成达到极限磨损的程度时进行。其目的是通过大修，恢复装备的动力性、经济性，从而延长其使用寿命。其性质属于装备的全面恢复性修理，即全面解体修理，更换或修复所有不符合技术标准和要求的零部件，消除缺陷，使装备达到或接近新品标准或规定的技术性能指标。

3．军用计算机的维修

军用计算机是一类特殊的装备，目前信息化装备中都配有计算机系统，对它的维修遵循《中国人民解放军装备维修条例》，但也有其特殊性，不但有硬件的维修还有软件的维护，将在后续章节中讲述。

2.1.2　装备维修体制

1．美陆军的维修体制

传统的以师为中心的美陆军部队采取的是三级维修作业体制，即基层级、中继级和基地级维修。美陆军的第一支数字化师——第4机步师建成后仍然沿用了传统的三级维修体制。随着武器装备信息化模块化水平的不断提高、数字化体制的调整以及美军军事转型的不断推动，陆军正在把传统的基层级、中继级和基地级的三级维修作业体制向野战级和维持级的两级作业体制转变。

野战级维修主要通过更换部件与可变换单元，开展战损评估与抢修，实施保养完成装备的简单维修。维持级维修主要是通过对装备及其故障部件开展全面修理完成装备维修。实施野战级维修的主要是旅以下的陆军基层部队，即各旅战斗队的旅保障营。维持级维修通常由旅以上维修机构完成，包括陆军各维修基地、陆军维持司令部下属的陆军野战保障旅以及战区维持司令部下属的维持旅。

2．我军的维修体制

按照能力和任务的不同，我军装备的修理机构划分为三个等级，即基地级、中继级和基层级。

1）基地级

基地级修理机构是指总部直属的各类大修厂，主要承担装备的大修、特修、备件制造和战时技术保障支持等任务。

2）中继级

中继级修理机构包括师、集团军修理营或修理大队，主要承担所属战区及部队装备的中修、特修、项修、巡修、自制件生产及战时修理保障等任务。

3）基层级

基层级修理机构包括旅（团）以下部队的修理分队，主要承担本部队装备的小修、检修和野战抢修任务。

我军的装备维修体制与美陆军的装备维修体制类似，随着我军装备信息化程度的不断提高和军事转型要求，装备维修体制也会做相应的调整，以适应部队的训练与作战需要。

2.1.3　部件检测的一般步骤

在诊断检查计算机时，为使诊断检查计算机故障的部位准确、迅速，应遵循以下步骤。

1．分部诊断检查

分部诊断检查是指通过冷静、仔细的分析、观察、考虑，分范围、分部分地诊断检查所发生的故障，直到指向较小的某一部分范围内；再动手诊断检查，以进一步缩小诊断检查范围、缩短诊断检查时间、加快诊断检查速度，最大限度地发挥诊断检查效率，压缩并找出故障一定的范围。

2．分级诊断检查

分级诊断检查是指将故障压缩到一定的范围后，通过进一步分析、观察，将故障继续压缩到某一级；即确诊是逻辑软故障，还是物理硬故障；是宏观的板卡故障，还是微观的芯片、元件故障。从而，使故障诊断检查范围更为缩小，检修目标更为明确。

3．分路诊断检查

分路诊断检查是指将故障压缩到某一级后，通过进一步分析、观察，将故障范围进一步缩小到某一个电路；然后，再根据这一电路的特点，分析、故障产生的原因，判断出故障的部位所在。

4．分点诊断检查

分点诊断检查是指诊断检查故障的部位末端，即故障的最小范围，亦是诊断检查故障的重点。要将故障范围缩小到某一个或几个部位上甚至一个点上，并不是一件轻而易举的事情。这不但需要弄清楚其工作原理，还需要具备一定的诊断检查经验与良好的检修方法。

5．直流诊断检查

直流诊断检查是指诊断检查直流电路的电压、电流是否正常。当出现故障时，首先应检查直流通路正常与否，各级直流供电电压与电路要求电压是否相同，各点电流是否正常等。根据检测结果，来判断直流通道有无问题，以及故障原因。

6．元件诊断检查

元件诊断检查是指诊断检查晶体管、阻容元件等在电路中是否正常工作。在计算机中，集成电路比重很大，进行电路直流状态检测时，往往与晶体管、阻容元件等有关。然而检查晶体管、阻容元件等正常与否又不能轻易将其焊下，通常是在路测试，只在有一定把握的情况下，才能焊下。

7．交流诊断检查

交流诊断检查是指诊断检查交流电路的信号是否正常。当直流电路与管子经检测正常时，则需要从交流信号回路，来查找问题，即查找交流通路部分的故障。交流通路部分的故障，大部分与电阻、电容、电感等元件有关，其中，多数故障是由于电容元件有问题而引起的。可用万用表在路测量，看是否有充放电现象，判断其故障所在。

8．芯片诊断检查

芯片诊断检查是指诊断检查集成电路等在电路中是否正常工作。计算机集成度越来越高，有大量的集成电路芯片，诊断检查集成电路芯片有一定的难度，芯片诊断检查时，也不能轻易将芯片焊下，通常也是在路测试。可以采用各种物理方法、电子学方法、总线方法、电平方法进行测试，以判定其是否有故障。

2.1.4 部件检测的基本方法

计算机部件种类多，电子器件故障复杂，有时由于某种原因出现一些"假故障"，导致故障无法判别。因此，在日常使用过程中常采用以下常见的几种处理方法。

1．清除尘埃

飘浮在空气中的尘埃是计算机一大杀手，使用一段时间后就可能因主板等关键部件积尘太多而出现故障，即便是在专用机房中也会如此。所以，对使用较久的计算机，应首先进行清洁，用毛刷轻轻刷去主板、外设上的灰尘。如果灰尘已清扫掉，或无灰尘，故障仍然存在，则表明硬件会存在别的问题。

另外，由于板卡上一些插卡或芯片采用插脚形式，震动、灰尘等原因常会造成引脚氧化，接触不良。可用橡皮擦轻轻擦拭表面氧化层，重新插接好后开机检查故障是否排除。

再有，键盘使用太久往往会出现漏电、按键卡死等故障，应及时处理，否则在输入时将会键入一些错误的字符。处理时应把键盘用一个托架托起来，按键向下，打开键盘的后盖，用酒精清洗线路板及按键的触点，并把卡死的按键下面的弹片适当撬起，使之恢复原有的弹性。

2. 看、听、闻、摸

"看"：观察系统板卡的插头、插座是否歪斜，电阻、电容引脚是否相碰，表面是否有烧焦痕迹，芯片表面是否开裂，主板上的铜箔是否烧断。还要查看是否有异物掉进主板的元件之间（这将造成短路），也可以看看板上是否有烧焦变色的地方，印制电路板上的走线（铜箔）是否断裂等等。

"听"：监听电源风扇、软/硬盘电机或寻道机构、显示器变压器等设备的工作声音是否正常。另外，系统发生短路故障时常常伴随着异常声响，监听可以及时发现一些事故隐患和在事故发生前即时采取措施。

"闻"：辨闻主机、板卡中是否有烧焦的气味，便于发现故障和确定短路所在。

"摸"：用手按压管座的活动芯片，看芯片是否松动或接触不良。另外，在系统运行时用手触摸或靠近 CPU、显示器、硬盘等设备的外壳根据其温度可以判断设备运行是否正常；用手触摸一些芯片的表面，如果发烫，则为该芯片损坏。

3. 拔插检测

前面说过，造成故障原因很多，主板自身故障、I/O 总线故障、各种插卡故障均可导致系统运行异常。采用拔插法是确定故障发生在主板或 I/O 设备的很简捷方法。该方法就是关机后，将插件板逐块拔出，每拔出一块板就开机观察机器运行状态，一旦拔出某块后主板运行正常，那么故障原因就是该插件板故障或相应 I/O 总线插槽及负载电路故障。若拔出所有插件板后系统启动仍不正常，则故障很可能就在主板上。

对一些与插槽接触不良的芯片、板卡重新正确拔插时，可以解决因安装接触不当引起的微机部件故障。

4. 交换检测

将同型号插件板、总线方式一致、功能相同的插件板或同型号芯片相互交换，根据故障现象的变化情况也可判断故障所在。此法多用于易拔插的维修环境，例如内存自检出错，可交换相同的内存条来判断故障部位。如果能找到相同型号的微机部件或外设，使用交换法可以快速判定是否是板卡或元件本身的质量问题。

5. 比较检测

运行两台或多台类型相同或相似的计算机，根据正常计算机与故障机在执行相同操作时的不同表现可以初步判断故障产生的部位。

6. 振动敲击检测

用手指轻轻敲击机箱外壳，若故障排除了，则说明故障是由接触不良或虚焊造成的。然后，可进一步检查故障点的位置并排除，只是此类故障难以检测到确切的部位。

7. 升温降温检测

人为升高运行环境的温度，可以检验各部件尤其是 CPU 的耐高温情况，及早发现事故隐患。降低运行环境的温度后，如果故障出现率大为减少，说明故障出在高温或不能耐高温的部件中，此方法可以帮助缩小故障诊断范围。

事实上，升温降温法采用的是故障促发原理，以制造故障出现的条件来促使故障频繁出现以观察和判断故障所在的位置，只是具体实施时要注意控制好加热方法，温度也不可超过 40℃。

8. 运行检测程序

随着各种集成电路的广泛应用，焊接工艺越来越复杂，仅靠一般的维修手段往往很难找出故障所在，而通过随机诊断程序、专用维修诊断卡及根据各种技术参数（如接口地址），自编专用诊断程序来辅助检测，往往可以收到事半功倍的效果。程序测试的原理就是用软件发送数据、命令，通过读线路状态及某个芯片（如寄存器）状态来识别故障部位。此法往往用于检查各种接口电路故障及具有地址参数的各种电路，但应用的前提是 CPU 及总线基本运行正常，能够运行有关诊断软件，能够运行安装于 I/O 总线插槽上的诊断卡等。

选择诊断程序时要严格、全面、有针对性，能够让某些关键部位出现有规律的信号，能够对偶发故障进行反复测试，并能显示出错记录。

2.2　计算机部件维修检测

下面分别对计算机各部件的维修检测进行简要的说明。

2.2.1　CPU 部件维修检测

一般情况下，CPU 出现故障后不难判断，往往有以下表现：

（1）加电后系统没有任何反应，也就是我们经常所说的主机点不亮；

（2）机器频繁死机，即使在 CMOS 或 DOS 下也会出现死机的情况（在如内存等其他配件出现问题之后也会出现这种情况，可以利用排除法查找故障出处）；

（3）机器不断重启，特别是开机不久便连续出现重启的现象；

（4）机器性能下降，下降的程度相当大。

如果系统无法启动或是极不稳定，我们一般会从主板、内存等易出现故障的配件入手进行系统排查，如果主板、内存、显卡硬件等配件没有问题，并且扬声器发出连续的两声短鸣音，那么肯定是 CPU 出现了问题。

通过排除法查找到 CPU 故障后，一般情况下不必更换，只要 CPU 没有烧毁，还是可以解决各类问题的。

CPU 部件的故障主要有以下几种类型。

1．CPU 散热类故障

CPU 散热类故障是指由于 CPU 散热片或散热风扇等引起的 CPU 工作不良故障。由于 CPU 集成度非常高，因此发热量也非常大，特别是目前的多核处理器发热量更大，因此散热风扇对于 CPU 的稳定运行便起到了至关重要的作用。

目前 CPU 都加入了过热保护功能，超过一定的温度以后便会自行关机，一般不会因为过热而致使 CPU 烧毁，但过高的温度会使 CPU 工作不正常，会使计算机频繁死机，或重新启动，或黑屏等故障现象，严重影响用户的正常使用。

当出现 CPU 散热类故障时，可以采用下面的方法进行维修。

（1）检查 CPU 散热风扇运转是否正常，如果不正常，更换 CPU 散热风扇。

（2）如果 CPU 风扇运转正常，检查 CPU 风扇安装是否到位，如果没有安装好，重新安装 CPU 风扇。

（3）检查散热片是否与 CPU 接触良好，如果接触不良，重新安装 CPU 散热片，并在散热片上涂上硅胶。

2．CPU 供电类故障

CPU 供电类故障是指 CPU 没有供电，或 CPU 供电电压设置不正确等引起的 CPU 无法正常工作的故障。如果 CPU 供电电压设置不正确（通常在 BIOS 进行设置），一般表现为 CPU 不工作的故障现象，而如果主板没有 CPU 供电，则一般无法开机。

当出现 CPU 供电类故障时，可以采用下面的方法进行维修。

（1）将 BIOS 设置恢复到出厂时的初始设置，然后开机，如果是由于 CPU 电压设置不正常引起的故障，一般可以解决。

（2）故障发生前没有进行 CPU 电压的设置，则可能是 CPU 供电电路有故障，接着开始检查 CPU 供电电路。

3．CPU 安装类故障

CPU 安装类故障是指由于 CPU 安装不到位、CPU 散热片安装不到位或没有与 CPU 完全接触引起的故障。

　　早期的 CPU 全部是针脚式的，现在 INTEL 使用的是触点式的，AMD 使用的仍然是针脚式的。安装上采用了防呆式设计，方向不正确是无法将 CPU 正确装入插槽中的，在检查时应把重点放在安装是否到位上。

　　当出现 CPU 安装类故障时，可以采用下面的方法进行维修。

　　（1）打开机箱，检查 CPU 风扇运转是否正常，如果正常，接着检查 CPU 是否安装到位；如果不到位，重新安装 CPU 风扇。

　　（2）如果 CPU 风扇安装正常，接着用手摇摆 CPU 散热片并观察，检查 CPU 散热片是否安装牢固，是否与 CPU 接触良好。

　　（3）如果这些都正常，接着卸掉 CPU 风扇，拿出 CPU，然后用肉眼观察 CPU 是否有被烧毁、压坏过的痕迹。

　　（4）如果有，再将 CPU 安装到另一台计算机中进行检测；如果 CPU 依然无法工作，则 CPU 损坏，更换 CPU。

　　（5）如果 CPU 没有被烧毁、压坏的痕迹，接着将 CPU 重新安装好，再在 CPU 散热片上涂上硅胶，然后重新安装好即可。

4．CPU 的安装

　　检测 CPU 的故障，经常需拆卸或安装 CPU，CPU 是精密件，稍有不慎可能会损坏。CPU 安装方法与步骤如下。

　　（1）首先取出主板上的 CPU 插槽的挡盖，如图 2-1 所示。

　　（2）拉起 CPU 的插槽拉杆，如图 2-2 所示。

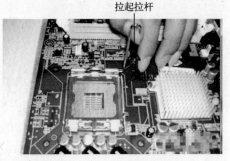

　　　　图 2-1　CPU 安装步骤 1　　　　　　　图 2-2　CPU 安装步骤 2

　　（3）CPU 插槽上有个缺口是标示，和 CPU 上的标示一致，这里是防止插反的，如图 2-3 所示。

　　（4）对准 CPU 上的标示，然后轻放 CPU（小心针脚），如图 2-4 所示。

　　（5）把帽子盖住，如图 2-5 所示。

　　（6）然后把杆压下，如图 2-6 所示。

有个缺口是标示与CPU上的缺口一致，这里是防止接反

图 2-3　CPU 安装步骤 3

缺口标示

图 2-4　CPU 安装步骤 4

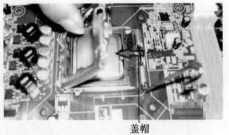

盖帽

图 2-5　CPU 安装步骤 5

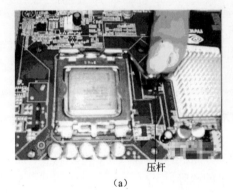

压杆

（a）

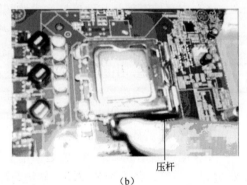

压杆

（b）

图 2-6　CPU 安装步骤 6

2.2.2　主板部件维修检测

计算机主板结构比较复杂，故障率比较高，分布也较散，根据故障产生源，主板故障可分为电源故障、总线故障和元件故障等。其中，电源故障包括主板上+12V、+5V 和+3.3V 电源和 PG（Power Good）信号故障；总线故障包括总线本身故障和总线控制权产生的故障；元件故障则包括电阻、电容、集成电路

芯片及其他部件的故障。主板常见故障如下。

1．主板内部器件常见故障

1）各种连接线短路、断路故障

各种连接线不该通的地方短路，该通的地方断开不通；IC 芯片、电阻、电容、晶体管、电感等元件引脚断、短路、击穿；连线引脚与电源、地线短路导通；印制板线断开、短路以及焊盘脱落等。

2）DMA 控制器和辅助电路故障

DMA 控制器功能较强，故障率较高，另外辅助电路芯片及输入信号电路也容易产生故障。

3）内存芯片 RAM 故障

内存芯片 RAM 由于电源不稳定、干扰、插拔不正确、本身质量问题等易引起故障。

4）数据总线故障

主板中的 CPU、存储器、I/O 设备的数据传输总线、总线缓冲寄存器/驱动器等，容易产生故障。

5）地址总线故障

地址总线故障表现在主板中 CPU 传送地址的地址总线、地址锁存器及地址缓冲寄存器/驱动器等发生故障。

6）内存控制信号与地址产生电路故障

内存控制信号与地址产生电路故障指 RAS/CAS 行/列地址选通信号、行/列地址延时控制信号及行/列地址的电路出错。

7）个别插座、引脚松脱等接触不良故障

个别插座、引脚松脱等接触不良故障指芯片与插座因锈蚀、氧化、弹性减弱、引脚脱焊、折断以及开关接触不良而产生的故障。

8）I/O 通道插槽故障

I/O 通道插槽故障指 I/O 通道插槽中的铜片脱落、弹性减弱、折断短接、插脚虚焊、脱焊、灰尘过多或掉入异物而产生的故障。

9）电压控制器的故障

一般电源控制器输出电流较大，发热量大，如果控制芯片或集成块的质量不佳或散热不良，则故障率较高。周围的电源滤波电容因长期工作在高温环境下，也会因为电解液干涸造成失效，从而引起电源输出的纹波增大造成主板工作不稳定。

10）RS-232 串行接口控制器故障

主板中的串行接口控制器有独立的，也有与其他接口合在一起的，串行接口也较容易产生故障。

11）特殊情况引起的故障

特殊情况引起的故障指受冲击、强震、电击、电压突然升高，负载不匹配或设计不合理而产生的故障，以及因安装、设置及使用不当而造成的人为故障，定时器、计数器、中断控制器、并行接口控制器的芯片产生的故障。

2. 键盘、鼠标接口类故障

键盘、鼠标出现的常见故障有：键盘、鼠标损坏或接反；键盘、鼠标接口接触不良；键盘、鼠标接口电路供电问题或信号线不通或南桥、I/O 芯片损坏等故障导致。

键盘、鼠标与主板的连接接口主要有两种——圆形插针和 USB 接口，对于插针接口一定要注意连接方向，以免插拔时插针弯折。

当键盘鼠标出现故障后，可以采用下面的方法进行维修。

（1）确定键盘、鼠标是否正常，具体检测方法可以使用替换法进行检测，即将计算机中的键盘、鼠标接到另一台正常的计算机中，观察是否正常，如果不正常，说明是键盘、鼠标的问题，更换即可。

（2）如果键盘、鼠标正常，说明不是键盘、鼠标的问题，接下来拿一个好的键盘、鼠标接到故障计算机中检测键盘、鼠标是否能使用，如果能使用，则是键盘、鼠标不兼容；如果不能使用，则可能是主板的键盘、鼠标接口接触不良，仔细检查接口是否有虚焊等故障。

（3）如果不是键盘、鼠标故障或接触不良故障，则是主板键盘、鼠标接口电路故障。接着测量键盘、鼠标接口的供电引脚对地阻值是否为 $180\sim380\Omega$，如果不是，则是线路中的跳线没有插好或跳线连接的保险电阻或电感损坏造成的，更换损坏的元件即可。

（4）如果跳线对地阻值为 $180\sim380\Omega$，说明键盘、鼠标电路供电部分正常，接着检测电路中数据线、时钟线的对地阻值。如果对地阻值不正常，接着检查键盘、鼠标电路中连接的上拉电阻、滤波电容是否损坏，如果损坏，更换损坏的元件即可。

（5）如果上拉电阻和滤波电容正常，接着检测电路中连接的电感是否正常，如果电感不正常，更换损坏的电感。

（6）如果电感正常，可能是 BIOS 芯片故障引起的，重新刷新 BIOS 芯片观察故障是否解决，如果没有解决，检查数据线路是否通，如果线路不通，检查线路中的元件故障。

（7）如果上述都正常，则可能是 I/O 芯片或南桥中的相关模块损坏，更换 I/O 芯片或南桥芯片即可。

3. 主板串口接口类故障

主板串口出现故障不能使用时，一般是由于串口插座接触不良，串口管理芯片损坏，串口管理芯片供电部分连接的稳压二极管损坏，串口电路中连接的滤波电容损坏等所致。

当主板串口出现故障后，可以采用下面的方法进行维修。

（1）检查串口插座有无虚焊、断针等不良现象，如果有，重新焊接插座即可。

（2）如果串口插座正常，测量串口插座到串口管理芯片之间线路的数据线对地阻值是否为 1000～1700Ω，并且所有数据线的对地阻值大致相同。如果对地阻值正常，转到步骤（5）。

（3）如果对地阻值不正常，检测线路中的滤波电容等元件是否正常，如果不正常则替换损坏的元件。

（4）如果滤波电容等元件正常，接着检查串口管理芯片的供电是否正常，如果供电不正常，检测串口管理芯片的供电引脚连接的稳压二极管等器件的好坏。

（5）如果串口管理芯片的供电部分正常，则是串口管理芯片损坏，更换串口管理芯片。

（6）如果串口插座到串口管理芯片之间的数据线对地阻值正常，接着测量串口管理芯片到南桥或 I/O 芯片间的线路的对地阻值是否相同，如果不同，去掉串口管理芯片，然后再测量对地阻值是否相同，如果还是不相同则是南桥或 I/O 芯片损坏，如果相同则是串口管理芯片损坏。

4. 主板 USB 接口类故障

如果计算机的所有 USB 接口都不能使用，则可能是南桥或 I/O 芯片损坏，应重点检查供电和南桥或 I/O 芯片。

如果计算机主板的某个 USB 接口不能使用，则可能是由于 USB 接口插座接触不良，USB 接口电路供电针上的保险电阻、电感损坏或 USB 接口电路中连接的电感、滤波电容、上拉电阻损坏等所致。

如果 USB 设备不能被识别，一般是由于 USB 插座的供电电流太小，导致供电电压不足所致，应重点检查供电线路中连接的电感及滤波电容。

当 USB 接口出现故障时，可以采用下面的方法进行维修。

（1）检查是某个 USB 接口不能使用还是全部 USB 接口不能使用。如果计算机中某个 USB 接口不能使用，则跳到步骤（4）。

（2）如果所有 USB 接口都不能使用，则可能是南桥或 I/O 芯片损坏或 USB 接口电路供电不正常。首先检查 USB 接口的供电电路。如果供电线路不正常，更换供电线路中损坏的元件。

（3）如果供电线路正常，则可能是南桥或 I/O 芯片损坏，更换南桥或 I/O 芯片。

（4）如果某个 USB 接口不能使用，首先检查故障 USB 接口的插座有无虚焊、断针等不良现象，如果有，重新焊接插座即可。

（5）如果 USB 接口插座正常，接着测量 USB 接口电路中供电针脚对地阻值是否为 180～380Ω。如果对地阻值不正常，检查供电线路中的保险电阻、电感等元件是否正常；如果不正常则替换损坏的元件。

（6）如果 180～380Ω 供电线路正常，接着测量 USB 接口电路中数据线对地阻值是否为 400～600Ω，并且与正常的 USB 接口的对地阻值大致相同。如果对地阻值不正常，检测线路中的滤波电容、电感、电阻排等元件是否正常，如果不正常则替换损坏的元件。

（7）如果数据线对地阻值正常，则可能是 USB 接口的供电电流较小引起的，更换供电线路中的滤波电容或电感等元件。

2.2.3　显示部件维修检测

显卡是计算机内主要的板卡之一，负责将 CPU 送来的信息处理为显示器可以处理的信息后，送到显示器上形成影像。显卡故障主要类型为：显示接触不良故障、显卡驱动程序故障和显卡兼容性故障等。

1．显示接触不良故障

显示接触不良故障是指由于显卡与主板接触不良导致的故障。显卡接触不良会引起计算机无法开机且有报警声，或系统不稳定死机等故障现象。显卡接触不良故障的原因一般是显卡金手指被氧化、灰尘、显卡品质差或机箱挡板问题等。

当显示接触不良故障时，可采用下面方法进行维修。

（1）打开机箱检查显卡是否完全插好，如果没有，将显卡拆下，然后重新安装，检查是否安装好，如果还是没有安装好，接着检查机箱的挡板，调整挡板位置使显卡安装正常。

（2）如果显卡插接完好，接着拆下显卡，然后清洁显卡和主板显卡插槽中的灰尘，并用橡皮擦拭显卡金手指中被氧化的部分，之后将显卡安装好，然后进行测试，如果故障排除，则是灰尘引起的接触不良故障。

（3）如果故障依旧，接着用替换法检查显卡是否有兼容性问题，如果有，更换显卡即可。

2．显卡驱动程序故障

显卡驱动程序故障是指由显卡驱动程序引起的无法正常显示的故障。显卡驱动程序故障通常会造成系统不稳定死机、花屏、文字图像显示不完全等故障现象。显卡驱动程序故障主要包括显卡驱动程序丢失、显卡驱动程序与系统不兼容、显卡驱动程序损坏、无法安装显卡驱动程序等。

当出现显卡驱动程序故障时，可采用下面方法进行维修。

（1）查看显卡的驱动程序是否安装正确。

（2）如果没有显卡驱动程序项，说明没有安装显卡的驱动程序，重新安装即可。如果有，但显卡驱动程序上有黄色的"！"，说明显卡驱动程序没有安装好，或驱动程序版本不对，或驱动程序与系统不兼容等。

（3）接着删除有问题的显卡驱动程序，然后重新安装显卡驱动程序，重新安装后检查是否正常。

（4）如果不正常，则可能是由于驱动程序与操作系统不兼容，接着下载新版的驱动程序，然后重新安装。

（5）如果安装正常，则是原先显卡的驱动程序有问题。如果安装后故障依旧，则可能是显卡有兼容性问题，或操作系统有问题。接着重新安装操作系统，然后检查故障是否消失。

（6）如果故障消失，则是操作系统的问题；如果故障依旧，接着用替换法检查显卡，观察显卡是否有兼容性问题。如果有问题更换显卡即可。

（7）如果没有，则可能是主板问题，更换主板。

3．显卡兼容性故障

显卡兼容性故障是指显卡与其他设备冲突，或显卡与主板不兼容无法正常工作的故障。显卡兼容性故障通常会引起无法开机且有报警声，或系统不稳定经常死机，或屏幕出现异常杂点等故障现象。显卡兼容性故障一般发生在计算机刚装机或进行升级后，多见于主板与显卡的不兼容或主板插槽与显卡金手指不能完全接触。

当出现显卡兼容性故障时，可采用下面方法进行维修。

（1）关闭计算机，然后打开机箱，拆下显卡，清洁显卡及主板显卡插槽灰尘，特别是显卡金手指，清洁后测试计算机是否正常。

（2）如果故障依旧，接着用替换法检查显卡，如果显卡与主板不兼容，更换显卡即可。

4．显卡常见故障实例

1）显卡松动或损坏

故障现象：开机后显示器黑屏，显示器电源指示灯亮，提示无信号，机器扬声器发出连续的一长两短鸣音。

故障排除：打开主机，找到显卡插槽，尝试将显示卡插牢，重启机器后，显示正常。

2）显示器黑屏

故障现象：开机后显示器黑屏，显示器电源指示灯不亮。

故障排除：①显示器电源连接松脱或接触不良，造成无法给显示器供电；

②显示器内部电路有故障，一般是电源电路、行扫描电路等故障。

3）显示不稳定

故障现象：图像无规律扭动。

故障排除：如是显示器内部电路故障，检查显示器尾板电路、行输出或聚焦等有关电路；还有可能是显示器电磁辐射干扰、显示卡电路故障。

4）屏幕上出现乱码或小色块

故障现象：显示器屏幕无规则显示一些乱码或小色块。

故障排除：如果故障表现为显示字符出错，基本判定为显卡 RAM 有问题，可用新的 RAM 芯片替换。否则就应该考虑是否显示卡电路故障，只有更换显示卡。

5）显示器缺色

故障现象：显示屏上所有字符和图形都严重偏色。通常的表现是缺 R、G、B 三种原色中的某一种。

故障排除：查看主机板和显示器视频线 VGA 接头的插针是否断或弯曲，也可采用信号交换法来判断故障范围。

6）显示器偏色

故障现象：显示屏上的光栅和字符不为白色。

故障排除：可进行暗平衡和白平衡的调节。

7）设置了某种显示模式后，显示器花屏或黑屏

故障现象：更改显示卡的显示模式后，显示屏出现花屏或黑屏现象。

故障排除：这种故障多数是因为显示器太老旧，不能适应新型显示卡提供的高分辨率、高扫描频率造成的。一般只能选用低显示工作模式，只有更换性能更高的显示器。

2.2.4　内存部件维修检测

内存是计算机中重要的内部存储设备，一般损坏将导致计算机无法开机工作。同时，内存维修也是非常复杂的。内存故障类型有内存接触不良故障、内存兼容性故障、内存质量不佳或损坏故障等。

1．内存接触不良故障

内存接触不良故障是指内存条与内存插槽接触不良引起的故障。内存条与内存插槽接触不良通常会造成死机、无法开机、开机报警等现象。而引起内存条与内存插槽接触不良的原因主要包括内存金手指被氧化、主板内存插槽上蓄积尘土过多、内存插槽内掉入异物、内存安装时松动不牢固、内存插槽中簧片变形失效等。

当出现内存接触不良故障时，可以采用下面的方法进行维修。

（1）将内存卸下，然后清洁内存条和主板内存插槽中的灰尘，接着重新安装内存，并开机测试，观察故障是否消失。

（2）如果故障依旧，接着用橡皮擦拭内存条的金手指，清除内存条金手指上被氧化的氧化层，然后进行安装并开机测试。

（3）如果故障没有消失，可以将内存安装在另一个内存插槽中，开机测试。如果故障消失，则是内存插槽中弹片变形失效引起的故障，接着将内存卸下，然后仔细观察内存插槽中的弹簧片，找到变形的弹簧片，用钩针等工具进行调整即可。

2．内存兼容性故障

内存兼容性故障是指内存与主板不兼容引起的故障。内存与主板不兼容通常会造成死机、内存容量减少、计算机无法正常启动、无法开机等故障现象。

当出现内存兼容性故障时，可以采用下面的方法进行维修。

（1）卸下内存条，然后清洁内存条和主板内存插槽中的灰尘，清洁后重新安装好内存。如果是灰尘导致的兼容性故障，即可排除。

（2）如果故障依旧，接着用替换法检测内存。一般与主板不兼容的内存在内存安装到其他计算机后可以正常使用，同时其他内存安装到故障计算机主板中也可以正常使用。如果是内存与主板不兼容，则更换内存。

3．内存质量不佳或损坏故障

内存质量不佳或损坏故障是指内存芯片质量不佳引起的故障或内存损坏引起的故障。内存芯片质量不佳将导致计算机经常进入安全模式或死机；而内存损坏通常会造成计算机无法开机或开机后有报警的故障。

当计算机出现内存质量不佳或损坏故障时，可以采用下面的方法进行维修。

对于内存质量不佳或损坏引起的故障需要用替换法来检查。一般内存质量不佳的内存安装到其他计算机时也出现同样的故障现象，测试后，如果确是由内存质量不佳引起的故障，更换内存即可。

4．内存故障处理一般流程

内存出现故障时，通常出现无法开机、突然重启、死机蓝屏、出现"内存不足"错误提示、内存容量减少等现象。

当出现内存故障时，可以采用下面的方法进行维修。

（1）将 BIOS 恢复到出厂默认设置，然后开机测试。

（2）如果故障依旧，接着将内存卸下，然后清洁内存及主板内存插槽上的灰尘，清洁后观察故障是否清楚。

（3）如果故障依旧，接着使用橡皮擦拭内存的金手指，然后进行安装并开机测试。

（4）如果故障依旧，接着将内存安装到另一插槽中，然后开机测试。如果故障消失，重新检查原内存插槽的弹簧片是否变形。如果变形了，调整好即可。

（5）如果更换内存插槽后，故障依旧，接着用替换法检测内存。当用一条好的内存安装到主板后，故障消失，则可能是原内存的故障；如果故障依旧，则是主板内存插槽问题。同时，将故障内存安装到另一块好的主板上测试，如果可以正常使用，则内存与主板不兼容；如果在另一块主板上出现相同的故障，则是内存质量差或损坏。

2.2.5　硬盘部件维修检测

硬盘是计算机系统中的重要部件，它是永久存储信息或半永久存储信息的海量存储设备之一，其质量好坏和功能强弱直接影响着计算机系统的快慢和执行软件的能力。

1．硬盘软故障

硬盘软故障是指由磁盘伺服信息出错、系统信息区出错和扇区逻辑错误等引起的故障。

当硬盘出现软故障时，可采用下面方法进行维修。

（1）检查 BIOS 中硬盘是否被检测到，如果 BIOS 中检测到硬盘信息，则可能是软故障。

（2）采用相应操作系统的启动盘启动计算机，观察是否有各个硬盘分区盘符。

（3）检查硬盘分区结束标志（最后两个字节）是否为 55 AA，以及活动分区引导标志是否为 80。

（4）采用杀毒软件查杀病毒。

（5）如果硬盘无法启动，可用启动盘启动，然后输入命令：SYS C：回车。

（6）运行 WinHex 修复工具以检查并修复 FAT 表或 DIR 区的错误。

（7）如果软件运行出错，则重新安装操作系统及应用程序。

（8）如果软件运行依旧出错，则对硬盘重新分区、高级格式化，并重新安装操作系统及应用程序。如果还没有效果，就只能对硬盘进行低级格式化了。

2．开机检测不到硬盘故障

开机检测不到硬盘故障是指开机后，计算机的 BIOS 没有检测到硬盘，BIOS 没有硬盘的参数。无法检测到硬盘的故障一般是由于硬盘接口与连接的电缆线未连接好、接口电缆接头处接触不良、电缆线断裂、跳线设置不当、硬盘硬件损坏等引起。

当发生开机检测不到硬盘故障时，可采用下面方法进行维修。

（1）关闭计算机，打开机箱检查硬盘的数据线，电源线是否连接正常。如果连接不正常，重新连接即可。

（2）如果连接正常，接着检查硬盘中是否连接多个硬盘或将光驱和硬盘连在了同一条数据线上。如果是，检查硬盘的跳线是否正常。

（3）如果不正确，重新设置跳线。如果计算机中只连接了一个硬盘且光驱和硬盘没有接在同一条数据线上，接着开机检查硬盘是否有电机转动的声音。

（4）如果没有，则可能是硬盘的电路板中的电源电路有故障，维修电源电路故障；如果硬盘有电机转动的声音，接着关闭计算机，然后将硬盘的数据线接在另一个硬盘接口上，开机测试。

（5）如果 BIOS 中可以检测到硬盘的参数，则是主板中的硬盘接口损坏，将硬盘接到其他硬盘接口即可。

（6）如果故障依旧，接着更换数据线进行测试。如果故障消失，则是硬盘数据线损坏；如果故障依旧，接着将硬盘接到另一台计算机中进行测试。

（7）如果另一台计算机中可以检测到硬盘，则是故障计算机的主板有问题，更换主板即可；如果在另一台计算机中依旧无法检测到硬盘，则是硬盘损坏，接着检查硬盘接口电路等电路板故障，并排除故障。

3．磁盘坏道故障

磁盘坏道故障是指硬盘中坏的扇区引起的故障。由于硬盘老化或使用不当经常会造成磁盘坏道，坏道如果不解决，将影响系统运行和数据的安全，严重的将导致计算机无法启动或数据无法被读取。

当硬盘出现坏道时，可采用下面方法进行维修。

（1）用 Windows 系统中的磁盘扫描工具对硬盘进行完全扫描，对于硬盘的坏簇，程序将以黑底红字的 B 标出，避开坏道，对于坏道比较多且比较集中的，分区时可以将坏道划分到一个区内，以后不要在此区内存取文件即可。

（2）采用分区软件将坏道分区隐藏。

4．硬盘不兼容

硬盘不兼容是指安装的两个硬盘中第二个硬盘无法与原来的硬盘相容。

硬盘不兼容可能的故障原因如下。

（1）硬盘主从跳线设置不正确。

（2）两个硬盘不兼容。

当出现硬盘不兼容时，可采用下面方法进行维修。

（1）首先要检查第一个硬盘是否设置成主硬盘，然后再检查第二个硬盘是否设成从硬盘。

（2）如果两个硬盘的跳线位置设置正确，但硬盘还是无法正常运转，这表明两个硬盘真的无法兼容，可将两硬盘都设成主硬盘，分别接不同的硬盘接口。

2.2.6　网络部件维修检测

网络故障一般分为两种：硬件故障和软件设置不当故障。

对于这两种故障现象，确定类型比较容易。如果计算机网络标识为已经连接，但无法登录网络，那么，可以判定为局域网设置不当的故障。如果网络显示为断开，但物理网线已连接，且连接其他机器上网没有问题，即可判断应为本机硬件故障。

网络故障一般排除流程如下。

（1）查看"网上邻居"，能看到本地计算机，表明网卡无误，检查网络设置。

（2）不能看到本地计算机，则检查网卡驱动、网卡中断分配、网络连接部分。

（3）检查水晶头是否接好、网线是否连通、集线器是否故障。

（4）级联是否符合布线原理。

1．硬件故障

硬件故障主要有网卡自身故障、网卡未正确安装、网卡故障和集线器故障等问题。

故障排除方法如下。

（1）首先检查网卡侧面的"连接指示灯"和"信号传输指示灯"，正常情况下"连接指示灯"应一直亮着，而"信号传输指示灯"在信号传输时应不停闪烁；

（2）如果"连接指示灯"不亮，需考虑连接故障，即网卡自身是否正常，安装是否正确，网线、集线器是否有故障。

例如：常见网线问题。

主要原因：双绞线的头没顶到 RJ45 接头顶端，绞线未按照标准脚位压入接头，甚至接头规格不符或者是内部的绞线断了。镀金层镀得太薄，网线经过多次插拔之后，也许就把它磨掉了，接着被氧化，当然也容易发生使用剥线工具时切断绞线情况。

2．软件故障

一般网卡的信号传输指示灯不亮，是由网络的软件故障引起的。

1）检查网卡设置

（1）分别查验网卡设置的接头类型、IRQ、I/O 端口地址等参数，如果有冲突，则重新设置（有些必须调整跳线），使网络恢复正常；

（2）检查网卡驱动程序是否正常安装，重新安装即可；

（3）查看网卡是否在正常工作。

2）检查网络协议

① 检查网络配置，如 NetBEUI 协议和 TCP/IP 协议、Microsoft 友好登录、

拨号网络适配器；

② 检查 TCP/IP 是否设置正确，每台计算机都有唯一的 IP 地址，子网掩码统一设置，网关要设为代理服务器的 IP 地址；

③ 检查主机名在局域网中是否唯一。

3）采用 ping 命令

① ping 127.0.0.1，检查 TCP/IP 协议是否正常；

② ping 目标机的 IP 地址，检查网络适配器工作是否正常；

③ ping 本地网关，检查网络线路工作是否正常；

④ ping 网址，检查目标机的 DNS 设置是否正确而且 DNS 服务器工作是否正常。

通过以上步骤，基本上可以解决网络中出现的软件配置问题，更多网络方面知识可查阅相关资料。

3. 常用网络命令

在 Windows 系统的"开始"菜单中，选择"运行（R）"命令，即可进入命令行输入方式，如图 2-7 所示。

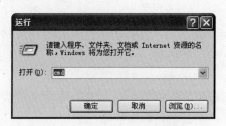

图 2-7　Windows 系统的命令行

1）ping 网址

功能：用于确定本地主机是否能与另一台主机成功交换数据包。

2）ipconfig/all

功能：用来查询 IP 的主机信息、DNS 信息、物理地址信息、DHCP 服务器信息等等，如图 2-8 所示。可以用 ipconfig/？命令查看该命令的帮助信息。

3）tracert 目标网址

功能：追踪访问网络中某个节点时所走的路径。

4）netstat　-r

功能：可以显示实际的网络连接以及每一个网络接口设备的状态信息。

2.2.7　电源部件维修检测

计算机的故障经常出现在电源上，由电源造成的故障约占整机各类部件总故障数的 20%～30%。而对主机各个部分的故障检测和维修，也必须建立在电源正常供电的基础上。

图 2-8　ipconfig/all 命令信息

1．电源接口

计算机的电源接口采用双排 20 针（ATX 电源），其对应针的电压如表 2-1 所示。

表 2-1　ATX 电源接口电压

编 号	1	2	3	4	5	6	7	8	9	10
输出电压	3.3V	3.3V	地	5V	地	5V	地	PW-OK	5VSB	12V
编 号	11	12	13	14	15	16	17	18	19	20
输出电压	3.3V	-12V	地	PS-ON	地	地	地	-5V	5V	5V

2．有效的检测电源故障的方法

1）人为唤醒电源检测

简单来说就是接计算机主板 20 针的插头，用一根导线的一端插绿色的线，另一端插黑色的线，若电源风扇转了就说明电源工作正常。

用一根细导线一端接 ATX 插头的 14 脚 PS-ON，另一端接第 3、5、7、13、15、16、17 脚中的任一脚连接，这是 ATX 电源在待机状态下人为的唤醒启动，这时 PS-ON 信号应该为低电平，PW-OK、+5VSB 信号应该为高电平，最重要的是开关电源风扇是否旋转，如果旋转，则电源没有问题，在没有万用表的情况下这是判断电源是否损坏的最直接的方法。

2）脱机带电检测

通常情况下，在待机状态下的 PS-ON 和 PW-OK 的两路电源信号，一个是高电平，另一个是低电平，插头 9 脚只输出+5VSB 电压，只要用万用表测量电压是否到了参数值，就可判断出问题的结果。

3. 电源故障类型

计算机电源一般容易出现的故障有以下几种：保险丝熔断、电源无输出或输出电压不稳定、电源有输出但开机无显示、电源负载能力差。

1）保险丝熔断

出现此类故障时，先打开电源外壳，检查电源上的保险丝是否熔断，据此可以初步确定逆变电路是否发生了故障。若是，则可能如下 3 种情况造成：

（1）输入回路中某个桥式整流二极管被击穿；

（2）高压滤波电解电容被击穿；

（3）逆变功率开关管损坏。

其主要原因是直流滤波及变换振荡电路长时间工作在高压（+300V）、大电流状态，特别是由于交流电压变化较大、输出负载较重时，易出现保险丝熔断的故障。

2）无直流电压输出或电压输出不稳定

若保险丝完好，在有负载情况下，各级直流电压无输出，其可能原因有：电源中出现开路、短路现象，过压、过流保护电路出现故障；振荡电路没有工作；电源负载过重；高频整流滤波电路中整流二极管被击穿；滤波电容漏电等。

可采用下面方法进行维修：

（1）采用万用表测量系统板+5V 电源的对地电阻，若大于 0.8Ω，则说明系统板无短路现象；

（2）将计算机配置改为最小化，即机器中只留主板、电源、蜂鸣器，测量各输出端的直流电压，若仍无输出，说明故障出在电源的控制电路中。控制电路主要由集成开关电源控制器和过压保护电路组成，控制电路工作是否正常直接关系到直流电压有无输出。过压保护电路主要由小功率三极管或可控硅及相关元件组成，可用万用表测量该三极管是否被击穿、相关电阻及电容是否损坏。

（3）采用万用表静态测量高频滤波电路中整流二极管及低压滤波电容是否损坏。

3）电源有输出，但开机无显示

出现此故障的可能原因是"POWER GOOD"输入的 Reset 信号延迟时间不够，或"POWER GOOD"无输出。

开机后，用电压表测量"POWER GOOD"的输出端（接主机电源插头的 1 脚），如果无+5V 输出，再检查延时元件，若有+5V 输出，则更换延时电路的延时电容即可。

4）电源负载能力差

电源在只向主板供电时能正常工作，当接上硬盘、光驱或插上内存条后，屏幕变白而不能正常工作。其可能原因有：晶体管工作点未选择正确、高压滤波电容漏电或损坏、稳压二极管发热漏电、整流二级管损坏等。

调换振荡回路中各晶体管，使其增益提高，或调大晶体管的工作点。采用万用表检测出有问题的部件后，更换可控硅、稳压二极管、高压滤波电容或整流二极管即可。

2.2.8　光驱（刻录机）部件维修检测

光驱（刻录机）是计算机中使用寿命较短的外部存储控制器，一般的光驱在使用一段时间后，其性能开始下降，并出现故障。光驱（刻录机）常见故障可归纳如下。

1. 光驱（刻录机）不读盘故障

光驱（刻录机）不读盘故障是指在光驱或刻录机中放入光盘，光盘中的内容无法被读出的故障。光驱不读盘故障是计算机中常见故障之一，一般是由于光驱激光头老化、光盘划得太厉害、光驱或刻录机无法识别光盘的格式等引起的。

当出现光驱（刻录机）不读盘故障时，可采用下面方法进行维修。

（1）用光驱清洗盘清洗光驱或刻录机的激光头，清洗后进行测试。

（2）如果清洗后还是无法读取光盘的内容，接着打开光驱外壳，用小的螺丝刀调整激光头的功率，提高激光的亮度，从而提高光驱的读盘能力。

（3）调整后进行测试，观察是否可以读盘，如果还是不行，再继续调整激光头的功率，直到可以读取为止。如果多次调整激光头的功率后，还是不能读盘，则可能是激光头老化或损坏，只能更换激光头或更换光驱（刻录机）了。

2. 开机检测不到光驱（刻录机）故障

开机检测不到光驱故障是指计算机启动后，在"我的电脑"窗口中没有光驱的图标，无法使用光驱的故障。开机检测不到光驱故障一般是由于光驱驱动程序丢失或损坏、光驱接口接触不良、光驱数据线损坏、光驱跳线错误等引起。

当出现开机检测不到光驱故障时，可采用下面方法进行维修。

（1）检查之前是否拆过光驱或搬动过计算机，如果是，则可能是光驱数据线或电源线接触不良所致，将数据线和电源线重新连接即可。

（2）如果没有拆过光驱或搬动过计算机，接着启动计算机然后进入 BIOS 程序，查看 BIOS 中是否有光驱的参数。

（3）如果有，则说明光驱连接正常，如果 BIOS 中没有光驱参数，则说明光驱接触不良或损坏。接着打开机箱重新连接光驱的数据线和电源线，如果故障依旧，再更换 IDE 接口及数据线测试，最后用替换法检测光驱。

（4）如果 BIOS 中可以检测到光驱的参数。接着用安全模式启动计算机，之后又重启到正常模式，检查故障是否消失。一般由于死机或非法关机等容易造成光驱驱动程序损坏或丢失，通过安全模式启动后可以修复损坏的程序。

（5）如果通过安全模式启动后，故障依旧，则可能是注册表中光驱的程序损坏比较严重，接着利用恢复注册表来修复光驱驱动程序。

（6）如果故障依旧，最后重新安装操作系统即可。

3．光驱（刻录机）不工作，指示灯不亮故障

光驱（刻录机）不工作，指示灯不亮故障是指计算机开机后，打开光驱或刻录机时，光驱（刻录机）无法打开，且指示灯不亮的故障。此类故障一般是由于光驱的电源线接触不良、或光驱电源接口问题或光驱内部电路问题所致。

当出现光驱（刻录机）不工作，指示灯不亮故障时，可采用下面方法进行维修。

（1）关闭计算机，然后打开机箱检查光驱电源线是否接触良好。如果接触不良，重新连接。

（2）如果光驱电源线接触良好，接着检查光驱（刻录机）是否与其他 IDE 设备共用一根数据线。如果光驱（刻录机）与其他 IDE 设备共用一条 IDE 线，需保证两个设备不能同时设定为 MA（Master）或 SL（Slave）方式，可以把一个设置为 MA，另一个设置为 SL（对于老式的光驱与主板 IDE 接口）。

（3）如果光驱（刻录机）的跳线设置正常，接着用万用表测量连接光驱的电源线输出电压是否正常。如果不正常，更换其他正常的电源接头。

（4）如果正常，接着打开光驱检查光驱电源接口有无虚焊。如果有，用电烙铁重新焊接即可；如果没有，则是光驱电路板中的电源电路损坏，返回厂家维修。

4．光驱、刻录机的盘片托架不能弹出

如果出现盘片托架卡住无法弹出的情况，可能是某种外物掉进盘槽或盘座，或是光驱内部配件之间的接触出现问题，也可能是由于驱动电机、传动机构损坏等驱动机构出现的问题。

当出现盘片托架卡住无法弹出的情况时，可采用下面方法维修。

（1）将光驱从机箱卸下并使用十字螺丝刀拆开，通过紧急弹出孔弹出光驱托盘，这样就可以卸掉光驱的上盖和前盖，卸下上盖后会看见光驱的机芯。首先检查这些区域有无异物存在，若没有异物，则检查每个机构连接。对进/出仓机构的检查要特别细心。如断开电机部件后，用手试着移动进/出仓机构，若感觉到有阻力存在，则证明有异物。在托盘的左边或者右边会有一条能连着托盘电机的皮带。可以检查此皮带是否干净，是否有错位，同时也可以给此皮带和连接电机的末端上油，并看看它有无错位之类的故障。如果上了油将多余的油擦去，然后将光驱重新安装好，最后再开机测试。

（2）检查电机齿轮是否有损坏或阻塞现象。传动齿轮被破坏、磨损或打滑时，都会影响该部件的正常工作，更换损坏的齿轮或整个齿轮传动装置。

（3）如果故障仍然存在，则可能是驱动电机发生故障，更换光驱（刻录机）。

2.2.9　声卡部件维修检测

声卡是计算机系统的"喉舌"，有板载（集成）声卡和独立（外接）声卡之分。虽然声卡出现的故障现象比较多，但简单归纳起来则主要有：不能正常发声、音量不足、噪声较大，以及兼容性问题等。

1. 不能正常发声

当遇到这种情况时，先不要急于打开机箱，应本着由外至内、由软至硬的顺序逐步进行检查，其步骤如下。

（1）故障部位的判别并检查硬件接线是否正确。由于声卡和音箱中任何一个工作不正常，都有可能会导致不能正常发声故障，故首先应该确定故障的部位。可以将音箱的输入插头，插入其他音源设备或光驱面板上的耳机插孔中进行试听；假如此时音箱不能发声，则属于其内部功放或电源电路出现了较严重的问题，此时可根据实际情况进行具体的检查和维修；假如音箱放音正常，请再检查音箱插头是否插在了声卡上的 SPK 插孔，连接电缆是否存在短路、断路等情况，如一切正常可继续进行下一步检查。

（2）检查声卡的参数。可选择"开始→设置→控制面板→系统→设备管理→属性"选项卡，该选项卡将显示出计算机中所有的硬件设备的资源使用情况，其中包括 IRQ、DMA、I/O 和"内存"等四大类型，可以分别选择并进行查看。若存在有冲突现象，可通过手工调整声卡来为其选择一个空闲的 IRQ 加以解决。

（3）驱动程序不兼容。由于 Windows 系统的稳定性较高，于是许多人选择升级或全新安装了该系统。但是 Windows 对硬件驱动程序兼容性要求较高，一些较早声卡的驱动程序往往无法得到支持。虽然有时 Windows 可能会自动为声卡装驱动，但在实际使用中往往也不能让声卡发声。这种情况一般只能期望生产厂家能够提供兼容的驱动程序。

2. 音量不足

音量不足是指达不到应有的输出功率，这时调节音箱上的音量旋钮或调节任务栏上的音量调节图标，其效果也不十分明显。这种故障可分为以下 4 种情况。

（1）音箱的输入插头错插在了 Line Out 插口。

（2）音箱内部电路本身存在着故障。如果采用上一方法，仍然不能使音量显著提高，则可能是音箱内部功放、电源电路存在着故障。需由专业维修人员进行维修。

（3）声卡的芯片或电路存在着故障。假如已证实音箱无任何问题，则可能是声卡本身的部件存在着问题，一般也只有请专业人员处理或更换声卡。

3．噪声较大

噪声较大的故障主要是指系统在运行有声软件时，音箱中发出的声音背景中夹杂有不正常的声音，如啸叫、嗡嗡、沙沙等声音。这种噪声故障的检查步骤及处理方法如下。

（1）检查有源音箱。遇到这种故障首先要断开有源音箱与声卡之间的信号连接线路，并接通音箱的电源，再调大音量旋钮。如果有杂音，则是音箱有问题，此时可交由专业维修人员处理。

（2）音箱无问题但连接声卡后噪声较大。这时应检查音箱输入信号线是否接错，接线错误同样会产生啸叫。

（3）高、低频电磁干扰问题。如果经检查后确定软、硬件都没有问题，就应当考虑是不是机箱内、外电路带来的各种高、低频电磁干扰了音频系统。比如：电源滤波不良，显卡、主板和其他插卡等带来的高、低频电磁干扰。此时可打开机箱将声卡插到远离显卡、网卡、视频卡等插卡的插槽上，以减少高频干扰带来的噪声。电源滤波不良所导致的噪声故障，通常还会在显示器上看到网纹干扰，遇到这种情况应当立即检修或更换电源。

（4）声卡电路故障或声卡与主板不兼容。如果将声卡换到其他主板上噪声消失，则属于声卡与主板的兼容性问题，这必须更换其他品牌、型号的声卡才行，否则就属声卡本身电路的问题了，可请专业人员做维修处理。

2.2.10　键盘与鼠标部件维修检测

键盘与鼠标是计算机中易损耗品，和其他设备相比，由于用户使用比较频繁，因此容易损坏。

1．光电鼠标常见故障

光电鼠标是目前的主流产品，光电鼠标故障也是目前鼠标的常见故障。光电鼠标一般会出现按键失灵、灵敏度差、找不到鼠标、定位不准或经常无故发生漂移等故障。而这些故障一般是由于鼠标内部断线、按键接触不良、光学系统脏污、虚焊或元件损坏等引起的。

当光电鼠标出现故障时，可采用下面方法进行维修。

（1）检查光电鼠标的按键是否正常，如果鼠标某个按键失灵，可为鼠标更换一个按键，因为按键失灵故障多为微动开关中的簧片断裂或内部接触不良所致。如果按键正常，检查鼠标使用是否反应迟钝。如果光电鼠标反应正常，转至步骤（4）；如果反应迟钝，可以首先打开鼠标，然后检查透镜通路是否有污染。接着检查是否有外界光线影响鼠标，如果有，将外界的光线移走即可。如果没有外界光线干扰，接着检查鼠标的光电接收系统的焦距是否对准。

（2）如果光电接收系统的焦距没有对准，调节发光管的位置，使之恢复原位，直到向水平与垂直方向移动时，指针最为灵敏为止。

（3）如果光电接收系统的焦距正好对准，则可能是发光管或光敏元件老化造成的故障，更换型号相同的发光管或光敏管即可。

（4）如果光电鼠标反应正常，接着检查鼠标是否发生漂移。如果鼠标发生漂移，首先检查电路的焊点，特别是某些易受力的部位，发现虚焊点，用电烙铁补焊即可。如果没有虚焊，检查晶振是否正常，如果不正常，更换晶振即可。

（5）如果鼠标没有发生漂移故障，接着检查鼠标光标是否正常。如果鼠标光标不正常，则可能是鼠标发生了断线故障。接着检查断线位置，然后拆开鼠标，将电缆排线插头从电路板上拔下，并按芯线的颜色与插针的对应关系做好标记后，再把新线按断线位置减去 5～6cm，再将鼠标芯线重新接好即可。

2．计算机检测不到鼠标故障

计算机检测不到鼠标故障是指开机启动后，鼠标无法使用的故障。计算机检测不到鼠标故障一般是由鼠标损坏或鼠标与主机接触不良，或主板上的鼠标接口损坏，或鼠标线路接触不良，或鼠标驱动程序损坏等引起的。

当出现检测不到鼠标故障时，可以按照如下方法进行维修。

（1）关闭计算机将鼠标拔下重新插好，然后测试故障是否消失。如果故障消失，则是鼠标接触不良引起的故障。

（2）如果故障依旧，接着用替换法检测鼠标是否损坏。如果鼠标损坏，更换鼠标即可。

（3）如果鼠标正常，接着用安全模式启动计算机，观察故障是否消失。如果故障消失，则是鼠标的驱动程序引起的故障。

（4）如果故障依旧没有消失，接着重新启动计算机，并按 F8 键，选择"最后一次正确的配置"启动计算机即可。

（5）如果故障依旧，则可能是系统中与鼠标有关的文件严重损坏，重新安装操作系统即可。

3．计算机检测不到键盘故障

计算机检测不到键盘故障是指计算机开机后，键盘无法使用的故障。计算机检测不到键盘故障一般是由于键盘接触不良、键盘的连接线有断线、键盘的保险烧毁、键盘不小心渗入水或主板键盘接口损坏等引起的。

当发生检测不到键盘故障时，可以按照下面的方法进行维修。

（1）关闭计算机，将键盘拔下重新插好，然后开机测试观察故障是否消失。如果故障消失，则是键盘接触不良引起的故障。

（2）如果故障依旧，接着使用万用表测量主板上的键盘接口，如果开机时测量到第 1、2、5 芯的某个电压相对于第 4 芯为 0，说明连接线断了，找到断点重新接好即可。

（3）如果主板上的接口正常，接着拆开键盘检查键盘的保险是否正常，如果不正常则更换；如果正常则用万用表测量键盘线缆接头的电压是否正常，如果主板上键盘接口的电压正常而此处不正常，则说明键盘线中间有断线，更换键盘电缆即可。

4. 键盘按键故障

键盘按键故障是指键盘中的某个键按下后无法弹起或按下某个键后屏幕上没有反应的故障。键盘按键故障一般是由于键盘质量问题或键盘老化，键盘内部电路板有污垢，键盘的键帽损坏等引起的。

当出现键盘按键故障后，可以按照如下方法进行检修。

（1）如果键盘的某个键按下后无法弹起，则可能是由于一些低档键盘键帽下的弹簧老化使弹力减弱，引起弹簧变形，导致该触点不能及时分离，从而无法弹起。接着将有故障的键帽撬起，将键帽盖片下的弹簧更换，或将弹簧稍微拉伸以恢复其弹力，再重新装好键帽即可。

（2）如果键盘在按下某个键时，屏幕上没有反应，则可能是键盘内部的电路板上有污垢，导致键盘的触点与触片之间接触不良，使按键失灵或该按键内部的弹簧片因老化而变形，导致接触不良所致。

2.3 车载计算机日常维护

2.3.1 车载计算机日常维护

车载计算机是一种精密设备，面板设计有显示触摸屏、各种操控开关、键盘等部件。为使各部件操控灵敏，需要根据车辆使用频率、使用环境等情况，对计算机进行不定期维护保养。

（1）显示屏清洁保养。在灰尘较大的使用环境，计算机显示屏会吸附一些尘土，可用较软的羊毛刷掸掉尘土或用软布轻轻地进行擦拭，不要用酒精一类的化学试剂。

触摸屏操作时，可用手指或触摸笔对触摸屏进行操作，轻轻触摸即可，不要用力过大，不要用尖锐物品触摸或滑动触摸屏。

（2）键盘清洁保养。键盘缝隙处的尘土可用羊毛刷刷掉，也可用潮湿软布对键盘进行擦拭。键盘应按要求操作，不要乱按键。

（3）防护面板。当计算机不使用或做车内清洁、保养、维修时，需要将计算机附带的防护面板罩上，用以保护显示触摸屏和键盘不被意外损坏。

（4）箱体锁紧装置。计算机箱体嵌入减振架后，由机架四角处的锁紧装置固定的，根据车辆使用频率情况，不定期检查锁紧装置是否牢固，如图 2-9 所示。

图 2-9　箱体锁紧装置图

（5）开关操作。正常情况下，当环境温度处于零下时，首先需要对计算机加温、除雾。

（6）电缆连接检查。应定期检查主机、显示器等的航空插头座的电缆连接是否松动，在插拔电缆时一定要关电后操作。

（7）使用计算机时，严禁修改其 BIOS 设置，以免影响计算机的正常使用。

（8）USB 使用。使用 USB 外电缆时，如果选用欧度系列接插件，请将线缆插头上的红点对准前面板上对应 USB 插座的缺口，水平插入。拔出线缆时，因为线缆插头具有自锁紧功能，所以需用手指捏住线缆插头上红点处（也就是 USB 转接线缆插头的根部），然后用力拔出即可，如图 2-10 所示。

（9）不允许随意从车载计算机拷入拷出和删除文件，以防病毒入侵。

（10）如果开箱换板维修，每次开机加电前应检查电源是否对地短路。

图 2-10　USB 口

（11）整车封存期间，车载计算机系统随整车系统同时按规定时间间隔进行通电检查，通电时间不短于 10～15min。

2.3.2　车载计算机完好标准

车载计算机完好标准如表 2-2 所示。

表 2-2　车载计算机完好标准

序 号	内 容
1	外观检查：显示屏玻璃完好无损、按键字迹清楚
2	电缆连接检查：计算机的各航空插头座应能正确连接
3	电源静态检查：拔掉所有航空插头，检查电源插头的正极引脚对地不能短路
4	面板指示灯检查：电源、除雾、温控开关接通时相应指示灯应亮，关时应灭；运行指示灯亮，当硬盘操作时指示灯闪烁；换挡、数字切换灯相应操作时应亮
5	上电检查：电源开关接通时，系统自检，正常引导后，进入预安装的操作系统（如：VxWorks、Windows 操作系统）；屏幕显示正常，无扭曲、不缺色；面板键盘背景灯亮
6	复位按键检查：按下复位键，应重新启动计算机系统
7	触摸屏检查：系统加电正常启动后，进入一窗口界面，用手指或触摸笔轻按屏幕，应有相应动作
8	功能键检查：系统加电正常启动后，进入启动窗口界面，在适当的窗口界面下，操作各功能键应有相应的动作界面
9	数字键检查：系统加电正常启动后，进入输入密码对话框，输入不同的数字键和退格键，但不要按"执行"键，应有"*"号出现。使用退格键删除输入的数字后再输入密码后启动系统

2.4　普通军用计算机日常维护

普通军用计算机的日常维护分为硬件维护和软件维护两个方面，下面具体说明。

2.4.1　硬件维护

硬件维护是指在硬件方面对计算机进行的维护，它包括计算机使用环境和各种器件的日常维护和工作时的注意事项等。

1. 计算机的工作环境

要使一台计算机工作在正常状态并延长使用寿命，必须使它处于一个适合的工作环境，应具备以下条件。

1）温度条件

一般计算机应工作在 20～30℃环境下，现在的计算机虽然本身散热性能很好，但过高的温度仍然会使计算机工作时产生的热量散不出去，轻则缩短机器的使用寿命，重则烧毁计算机的芯片或其他配件，现在计算机硬件的发展非常迅速，更新换代相当快，计算机的散热已成为一个不可忽视的问题。温度过低则会使计算机的各配件之间产生接触不良的毛病，从而导致计算机不能正常工作，若有条件，最好在安放计算机的房间安上空调，以保证计算机正常运行时所需的环境温度。

2）湿度条件

湿度不能过高，计算机在工作状态下应保持通风良好，否则计算机内的线路板很容易腐蚀，使板卡过早老化。相对湿度应为 30%～80%。

3）做好防尘

由于计算机各组成部件非常精密，如果计算机工作在较多灰尘的环境下，就有可能堵塞计算机的各种接口，使计算机不能正常工作。因此，不要将计算机安置于粉尘高的环境中，如果确实需要安装，应做好防尘工作；另外，最好能每个月清理一下计算机机箱内部的灰尘，做好机器的清洁工作，以保证计算机的正常运行。

4）电源要求

电源的交流电范围应在 220V±10%，频率范围是 50Hz±5%，并且需要具备良好的接地系统。如果有可能，使用 UPS 来保护计算机，避免因为突然断电导致硬件故障或资料丢失。电压不稳容易对计算机电路和元件造成损害，由于市电供应存在高峰期和低谷期，在电压经常波动的环境下，最好能配备一个稳压器，以保证计算机正常工作所需的稳定电源，另外，如果突然停电，则有可能会造成计算机内部数据的丢失，严重时还会造成计算机系统不能启动等各种故障，所以，要想对计算机进行电源保护，应该配备一个小型的家用 UPS，保证计算机的正常使用。

5）做好防静电工作

静电有可能造成计算机芯片的损坏，为防止静电对计算机造成损害，在打开计算机机箱前应当用手接触暖气管等可以放电的物体，将本身的静电放掉后再接触计算机的配件；另外在安放计算机时将机壳用导线接地，可以起到很好的防静电效果。

6）防止震动和噪声

震动和噪声会造成计算机中部件的损坏（如硬盘的损坏或数据的丢失等），因此计算机不能工作在震动和噪声很大的环境中，如果确实需要将计算机放置在震动和噪声大的环境中，应考虑安装防震和隔声设备。

2．计算机的安放

计算机主机的安放应当平稳，保留必要的工作空间，留出来用来放置磁盘、光盘等常用备品备件的地方以方便工作。要调整好显示器的高度，位置应保持显示器上边与视线基本平行，太高或太低都会使操作者容易疲劳。在计算机不用的时候最好能盖上防尘罩，防止灰尘对计算机的侵袭，但是千万不要忘记，在计算机正常使用的情况下，一定要将防尘罩拿下来，以保证计算机能很好地散热。

除此之外，如果计算机长时间不用，每个月也应该最好通电一两次，温度过高或过低、湿度太大，容易使计算机的板卡变形而产生接触不良等故障，使计算机不能正常工作。尤其是南方的梅雨季节更应该注意，保证计算机每个月最少要通电一次，每一次的通电时间应不少于两个小时，以免潮湿的天气使板卡变形计算机不能正常工作。

3．计算机主板的日常维护

计算机的主板在计算机中的重要作用是不容忽视的，主板的性能好坏在一定程度上决定了计算机的性能，有很多的计算机硬件故障都是因为计算机的主板与其他部件接触不良或主板损坏所产生的。做好主板的日常维护，一方面可以延长计算机的使用寿命，更主要的是可以保证计算机的正常运行，完成日常的工作。计算机主板的日常维护主要应该做到的是防尘和防潮，CPU、内存条、显示卡等重要部件都是插在主机板上，如果灰尘过多，就有可能使主板与各部件之间接触不良，产生一些未知故障；如果环境太潮湿，主板很容易变形而产生接触不良等故障，影响正常使用。另外，在组装计算机时，固定主板的螺丝不要拧得太紧，各个螺丝都应该用同样的力度，如果拧得太紧，也容易使主板产生形变。

4．CPU 的日常维护

要想延长 CPU 的使用寿命，保证计算机正常、稳定地完成日常的工作，首先要保证 CPU 工作在正常的频率下。通过超频来提高计算机的性能是不可取的，在计算机正常工作时，尽量让 CPU 工作在额定频率下。另外，作为计算机的一个发热比较大的部件，CPU 的散热问题也是不容忽视的，如果 CPU 不能很好地散热，就有可能引起系统运行不正常、机器无缘无故重新启动、死机等故障，因此，选择一款好的 CPU 散热风扇是必不可少的。另外，如果机器一直工作正常，就不要动 CPU，清理机箱清洁 CPU 以后，安装的时候一定注意要安装到位，以免引起机器不能启动故障。

5．内存条的日常维护

对于内存条来说，需要注意的是在升级内存条的时候，尽量要选择和以前品牌、外频一样的内存条来和以前的内存条搭配使用，这样可以避免系统运行不正常等故障。

6．显卡和声卡的日常维护

显卡也是计算机的一个发热大户。现在的显卡都单独带有一个散热风扇，平时要注意显卡风扇的运转是否正常，是否有明显的噪声或者是运转不灵活，转一会儿就停等现象，如发现有上述问题，要及时更换显卡的散热风扇，以延长显卡的使用寿命。

对于声卡来说，必须要注意的一点是，在插拔麦克风和音箱时，一定要在关闭电源的情况下进行，千万不要在带电环境下进行上述操作，以免损坏其他配件。

7. 硬盘的日常维护和使用时的注意事项

为了使硬盘能够更好地工作，在使用时应当注意以下几点。

1）硬盘正在进行读、写操作时不可突然断电

现在的硬盘转速很高，通常为 5400 转/min 或 7200 转/min，在硬盘进行读、写操作时，硬盘处于高速旋转状态，如果突然断电，可能会使磁头与盘片之间猛烈磨擦而损坏硬盘。在关机的时候一定要注意机箱面板上的硬盘指示灯是否还在闪烁，如果硬盘指示灯闪烁不止，说明硬盘的读、写操作还没有完成，此时不宜马上关闭电源，只有当硬盘指示灯停止闪烁，硬盘完成读、写操作后方可关机。

2）注意保持环境卫生

在潮湿、灰尘和粉尘严重超标的环境中使用微机时，会有更多的污染物吸附在印制电路板的表面以及主轴电机的内部，影响硬盘的正常工作，在安装硬盘时要将带有印制电路板的背面朝下，减少灰尘与电路板的接触；此外，潮湿的环境还会使绝缘电阻等电子元件工作不稳定，在硬盘进行读、写操作时极易产生数据丢失等故障。因此，必须保持环境卫生的干净，减少空气中的潮湿度和含尘量。

3）不要自行打开硬盘盖

如果硬盘出现物理故障时，不要自行打开硬盘盖，因为如果空气中的灰尘进入硬盘内，在磁头进行读、写操作时会划伤盘片或磁头，如果确实需要打开硬盘盖进行维修，一定要送到专业厂家进行维修，千万不要自行打开硬盘盖。

4）做好硬盘的防震措施

硬盘是一种精密设备，工作时磁头在盘片的表面浮动高度只有几微米，当硬盘处于读、写状态时，一旦发生较大的震动，就可能造成磁头与盘片的撞击，导致硬盘的损坏。因此，当微机正在运行时最好不要搬动它，另外，硬盘在移动或运输时最好用泡沫或海绵包装保护，尽量减少震动。

5）控制环境温度

硬盘工作时会产生一定热量，使用中温度以 20～25℃为宜，温度过高会造成硬盘电路元件失灵，磁介质也会因热膨胀效应而影响记录的精确度；如果温度过低，空气中的水分就会凝结在集成电路元件上而造成短路。尽量不要使硬

盘靠近如音箱、喇叭、电机、电视、手机等磁场，避免受干扰。

6）正确拿硬盘

硬盘拿在手上时千万不要磕碰造成物理性损坏，再一个需要注意的是防止静电对硬盘造成损坏。尤其在气候干燥时极易产生静电，若不小心用手触摸硬盘背面的电路板，静电就有可能伤害到硬盘的电子元件，导致硬盘无法正常运行。正确的用手拿硬盘的方法应该是用手抓住硬盘的两侧，并避免与其背面的电路板直接接触。

8．光驱的日常维护

计算机的光驱易出毛病，其故障率仅次于鼠标，如果维护得好，光驱可以正常使用多年；如果使用不当或保养不够，则只能使用半年左右。光驱在日常中要注意以下几点。

1）保持光驱的清洁

每次使用光驱时，光盘都不可避免地带入一些灰尘，灰尘如果落到激光发射头上，会造成光驱读取数据困难，影响激光头的读盘质量和寿命，还会影响光驱内部各机械部件的精密，所以室内必须保持清洁，减少灰尘。清洁光驱内部的机械部件一般可用棉签擦拭，激光头不能用酒精或其他清洁剂来擦拭，如果必须清洁，可以使用气囊对准激光头吹掉灰尘，操作时一定要小心，稍不注意就有可能对激光头造成损坏。

2）尽量使用正版光盘

尽管有些盗版光盘（尤其是 VCD 盘）也能正常播放，但由于质量低劣，盘上光道有偏差，光驱读盘时频繁纠错，这样激光头控制元件容易老化，会加速光驱内部的机械磨损，如果长时间使用盗版光盘，不但光驱纠错能力大大下降，影响正常使用，还会降低光驱的使用寿命。

3）养成正确使用光驱的习惯

在使用光驱时有许多的不好的习惯，例如：用手直接关闭仓门、在光盘高速旋转时强行让光盘弹出仓门、关闭或重启计算机时不取出光盘等，直接会影响光驱的使用寿命。光盘在不用的时候要拿出来，因为只要计算机开着，即使不用光盘，光驱也在工作着。

9．光盘的保存与维护

光盘存储信息量大，保存时间长，如果保存不当，则容易损坏。光盘要保存在专用的光盘盒里，避免灰尘或脏物污染、避免硬物划伤。最好不要在光盘外面包一层塑料袋，因为长时间后塑料会老化，可能会和光盘粘在一起，在揭开塑料袋时有可能剥离保护层和数据层，造成光盘损坏。在注意保存光盘正面的同时也要注意保存光盘的背面，如果光盘的背面被划伤或脱落，就会造成漏光，激光头发射的激光得不到反射会造成光盘不能正常使用，甚至会损坏光盘。

用手拿光盘的时候不要碰到光盘的正面，以免手上的汗渍和污渍粘在光盘上，读盘时造成一定的困难。

10. 显示器的日常维护

目前，LCD 显示器是主流，如果使用不当，不仅性能会快速下降，而且寿命也会大大缩短，因此，一定要注意显示器的日常维护。

（1）避免超负荷工作，液晶显示器长时间不用时，请关闭电源或设置主机为省电模式。

（2）尽量减少较长时间使用高亮全白画面，以减缓灯管老化，延长显示器使用寿命。

（3）保持储存及使用环境干净，正确清洁屏表面。

（4）远离高温高湿环境。

（5）严禁液体倾洒于屏面和机器上。

（6）严禁挤压碰撞屏表面。

（7）避免不必要的振动。

（8）切勿自行拆装。

当液晶显示器使用时间长了后，屏幕上会留下污渍，污渍主要分为两类：一类是屏幕表面所吸附的灰尘；另一类是使用时不经意在屏幕上留下的指纹和油渍。在清洁这些污渍的时候，推荐使用专门的清洁套装，套装内有专用清洁液和极细纤维布，使用时把清洁液喷在纤维布上，用蘸有清洁液的纤维布轻轻擦拭液晶显示器屏幕表面，直到屏幕干净为止。

错误的维护方法主要有：

（1）用水清洁。使用很少的水去污渍并不会对屏幕表面造成严重的损坏，但是水顺着屏幕流进了液晶显示器的内部，就会造成电路的损坏，并且水清洁屏幕的效果并不理想。

（2）用纸巾或抹布擦拭。使用这种方法清洁污渍，事实上对液晶显示器屏幕的损害比较大。液晶显示器屏幕表面有一层特殊的涂层，用来减少反光和炫光，增加对比度和调节色彩。用普通的纸巾或抹布擦拭会刮伤该涂层，使它失去原有的作用。

11. 键盘的日常维护

1）保持清洁

过多的灰尘会给电路正常工作带来困难，有时造成误操作，杂质落入键位的缝隙中会卡住按键，甚至造成短路。在清洁键盘时，可用柔软干净的湿布来擦拭，按键缝隙间的污渍可用棉签清洁，不要使用医用消毒酒精，以免对塑料部件产生不良影响。清洁键盘时一定要在关机状态下进行，湿布不宜过湿，以免键盘内部进水产生短路。

2）不将液体洒到键盘上

一旦液体洒到键盘上，会造成接触不良、腐蚀电路造成短路等故障，损坏键盘。

3）按键要注意力度

在按键的时候，一定要注意力度适中，动作要轻柔，强烈的敲击会减少键盘的寿命。

4）不要带电插拔

在更换键盘时，不要带电插拔，带电插拔的危害是很大的，轻则损坏键盘，重则有可能会损坏计算机的其他部件，造成不应有的损失。

12. 鼠标的日常维护

鼠标分为光电鼠标和机械鼠标。在所有的计算机配件中，鼠标最容易出故障。

（1）避免摔碰鼠标和强力拉拽导线。

（2）点击鼠标时不要用力过度，以免损坏弹性开关。

（3）最好配一个专用的鼠标垫，既可以大大减少污垢通过橡皮球进入鼠标中的机会，又增加了橡皮球与鼠标垫之间的磨擦力，如果是光电鼠标，还可起到减振作用。

（4）使用光电鼠标时，要注意保持感光板的清洁使其处于更好的感光状态，避免污垢附着在激光二极管和光敏三极管上，遮挡光线接收。

2.4.2 软件维护

软件维护是指在软件方面对计算机进行的维护，它包括系统软件（如操作系统）和应用软件的日常维护。

1. 备份系统

在使用计算机的时候，难免出现故障，有的故障很容易解决，而有的故障严重时会导致操作系统的损坏，使计算机不能正常启动。重新安装操作系统会费时费力，而如果做好了系统备份，一旦机器出现故障，只要用做好的备份来还原一下就可以了。

（1）常用的系统备份软件是 Ghost，用 Ghost 进行备份以后，机器一旦有系统故障，可用 Ghost 恢复系统。

（2）采用系统还原的方法。Windows XP 以后的操作系统具有系统还原的功能，还可以监视系统和一些应用程序的更改，并且自动创建还原点，这个还原点就代表这个时间点的状态，如果由于操作不当导致系统出现问题，可以通过系统运行正常时创建的还原点将系统还原到过去的正常状态，且不会导致已有的数据文件丢失,因为它仅检测选定的系统文件与应用程序文件的核心设置,不会检测个人数据文件的改变。

2．备份重要数据

在计算机的应用中，总会出现一些故障，如果计算机染上病毒、发生误操作等，有可能造成重要数据的丢失，将会造成不可挽回的损失。因此，重要的数据一定要做好备份，可以用硬盘来专门存放重要的数据和文档，也要用光盘或是其他的存储设备来进行重要数据和文档的备份。

3．安装防病毒软件

计算机病毒就是能够通过某种途径潜伏在计算机存储介质（或程序）里，当达到某种条件时，即被激活的具有对计算机资源进行破坏作用的一组程序或指令集合。病毒种类多种多样，病毒代码千差万别，而且新的病毒制作技术也不断涌现，因此，对于已知病毒可以进行检测、查杀，而对于新的病毒却没有未卜先知的能力，尽管这些新式病毒有某些病毒的共性，但是它采用的技术将更加复杂，更不可预见。因此，为了保证计算机系统的稳定和重要数据不因病毒的侵蚀而丢失，在计算机上一定要安装防病毒软件。国产的几款防病毒软件都能达到防病毒的目的，而且价格又不太高，建议大家购买正版软件，这样就可以通过网络来升级病毒库，最大限度地保护计算机。

4．防木马、清理恶意程序

在计算机的软件维护中，除了防病毒以外，还应该加强防范的是木马和恶意程序，它们的危害一点也不亚于病毒。虽然说一般防病毒软件也能防范一些木马和恶意程序，但是如果想要更好地防范，还需更专业的软件。安全卫士 360 是一款功能强大的软件，具有查杀木马、清理恶意程序、检查下载并自动安装系统漏洞补丁、智能卸载软件、实时保护（防火墙）、系统清理及在线免费升级等功能。正确合理地使用此类软件，可以使软件的维护达到轻松高效的目的。

5．安装网络防火墙软件

近年来，网络犯罪的递增、大量黑客网站的诞生，促使人们思考网络的安全性问题。各种网络安全工具也跟着在市场上被炒得火热。其中最受人注目的当属网络安全工具中最早成熟也最早产品化的网络防火墙产品了。所谓"防火墙"，是指一种将内部网和公众访问网（如 Internet）分开的方法，它实际上是一种隔离技术。防火墙是在两个网络通信时执行的一种访问控制尺度，它能允许你"同意"的人和数据进入你的网络，同时将你"不同意"的人和数据拒之门外，最大限度地阻止网络中的黑客来访问你的网络，防止他们更改、拷贝、毁坏你的重要信息。防火墙对网络的安全起到了一定的保护作用，要做到防患于未然，安装网络防火墙软件是保护好机器的行之有效的一种方法。

6．整理磁盘碎片

磁盘碎片的产生是因为文件被分散保存到整个磁盘的不同地方，而不是连续地保存在磁盘连续的簇中所形成的。虚拟内存管理程序频繁地对磁盘进行读写、IE 在浏览网页时生成的临时文件和临时文件的设置等是它产生的主要原因，文件碎片一般不会对系统造成损坏，但是若碎片过多，系统在读文件时来回进行寻找，就会引起系统性能的下降，导致存储文件丢失，严重的还会缩短硬盘的寿命。因此，对于计算机中的磁盘碎片也是不容忽视的，要定期对磁盘碎片进行整理，以保证系统正常稳定地进行，可以用系统自带的"磁盘碎片整理程序"来整理磁盘碎片，但是这个程序运行起来速度很慢。

7. 清理"寄生虫"软件

这种软件往往是"寄生"在其他的正常软件中，或是在访问网站时，偷偷地安装在用户系统中，它对系统的危害是不容忽视的。一方面这类软件都是在后台一直运行的，会大量消耗系统资源，影响系统稳定运行，并且还会占用宝贵的网络资源，另一方面还可能会盗取用户的个人信息。主要的"寄生虫"软件有 3 种：一是广告软件（Adware），许多共享软件都是通过这种方式来获取收入的，但是软件编写者并未告诉大家有这些广告软件的存在，当使用这些共享软件的时候，广告软件也就不知不觉地安装进来了；二是 Spyware，也就是间谍软件，它有可能会把用户的系统机密发给黑客，导致用户机器遭受黑客攻击或破坏；再有一种就是拨号程序，这是最危险的一类程序，它可以在后台把用户的拨号转为国际长途，产生高昂的电话费用，让用户在无形中遭受重大损失。可以用"Ad-Aware"来清理"寄生虫"软件，该软件是由 Lavasoft 设计的，有侦察及删除恶意软件的功能。它可以侦察 dialer、特洛伊木马、流氓软件、数据挖掘、恶意广告软件、寄生虫、间谍软件、浏览器绑架、Cookie 等。能够搜索并删除的广告服务程序包括 Web3000、Gator、Cydoor、Radiate/Aureate、Flyswat、Conducent/TimeSink 和 CometCursor。

8. 清理垃圾文件

Windows 在运行中会囤积大量的垃圾文件，且对于这些垃圾文件 Windows 无法自动清除，它不仅占用大量磁盘空间，还会使系统的运行速度变慢，所以这些垃圾文件必须清除。垃圾文件有两类，一类是临时文件，主要存在于 Windows 的 Temp 目录下，随着机器使用时间的增长，使用软件的增多，Windows 操作系统将越来越庞大，主要就是由于这些垃圾文件的存在。对于 Temp 目录下的临时文件，只要进入这个目录用手动删除就可以了；另一类是上网时 IE 产生的临时文件，可以采用下面的方法来手动删除，打开 IE 浏览器，选择工具中的"Internet 选项"，再选择"IE 临时文件"选项，选择"删除文件"→"删除所有脱机内容"，最后选"确定"就可以了，另外，在"历史记录"选项中，选择"删除历史记录"项，并将网页保存在历史记录中的天数改为 1 天，最多不要超过 5 天。

也可以采用 360 系列的相关软件定时进行垃圾清理。

9．升级和补漏软件

Windows 操作系统会经常公布升级补丁，杀毒软件依据病毒的变化会经常发布升级版本，应经常关注，及时升级或补漏。

10．清理注册表

计算机运行一段时间以后，在注册表里会残留很多垃圾，不仅会影响系统的启动和运行速度，同时系统也会出现一些莫名其妙的错误，所以，需要及时地进行清除。可参考第 5 章内容。

第 3 章　计算机硬件系统性能检测

为了让用户更全面地熟悉计算机性能、识别硬件的真伪以及让计算机长期保持最佳的工作状态，就需要对系统的部件性能或整体性能进行测试和优化。本章介绍用于检测计算机硬件系统性能的多种软件工具，包括 CPU、主板、显示、内存、硬盘、U 盘、光驱、声卡、电源及整机等部件的性能检测。通过本章的学习，可以学会正确使用软件工具来了解计算机硬件系统的性能，更好地配置和使用好计算机系统。

3.1　性能检测基础

3.1.1　性能检测的概念

1. 什么是性能检测

性能检测是通过自动化的测试工具模拟多种正常峰值及异常负载条件，对系统的各种性能指标进行测试。在性能检测过程中，可以只对某部分性能指标检测，判断是否满足用户要求，也可对所有性能指标进行检测，判断系统的整体性能。

在计算机硬件系统的性能检测主要分为两类：

（1）硬件系统各部件的性能检测，如 CPU 部件、内存部件、显示部件等。分别有对应的检测软件，如 CPU-Z、Nokia Monitor Test 等检测软件工具。

（2）整体性能检测，检测整个硬件系统的所有性能指标。如 EVEREST 检测软件。

2. 性能检测的要求

1）硬件平台

首先要搭建好所要检测的硬件平台，保持正确的硬件配置和软件安装设置。

2）软件平台

（1）安装操作系统和测试软件；

（2）安装主板驱动及 9.0 以上版本的 DirectX；

（3）关闭其他应用程序，以免影响测试结果；

（4）及时进行磁盘清理和垃圾文件清理工作，提供一个干净的测试环境。

3.1.2　性能检测的重要性

1．了解硬件的性能

对于一台计算机，不同厂家生产的部件组装后，其运行的性能通过感觉无法判断，只有通过一些详细的测试数据的对比才能真正了解整机或部件的性能，而这些数据的获取通过性能检测软件可得到。

2．识别硬件配置

通过性能检测软件的检测可识别计算机系统的硬件配置信息和判别硬件是否"真实"，以防假冒。

3．合理配置计算机硬件

计算机硬件是由各部件配合组成的整体，其性能取决于各部件的配合程度。而每一个用户根据自己的需要对计算机系统的性能要求是有差别的，只要满足自己所需要的性能要求就行，而没必要全部都是高性能，这样会造成资源浪费。因此，可通过性能检测软件进行测试，找出一台适合自己需要的配置合理的计算机系统。

4．便于优化硬件及系统性能

合理配置计算机硬件实际上也是对硬件的优化，硬件设备驱动程序的优劣影响系统的性能，而硬件设备驱动程序的优劣可以通过测试软件来"帮忙"。

3.2　常用软件工具

为了让用户更全面地熟悉计算机性能、识别硬件的真伪以及让计算机长期保持最佳的工作状态，就需要对系统的性能进行测试和优化。目前网络上的性能测试软件很多，最常用的测试软件主要有以下几种。

3.2.1　CPU 检测工具

1．CPU-Z

除了使用 Intel 或 AMD 提供的检测软件之外，CPU-Z 是检测 CPU 使用程度最高的一款软件，它支持多种类型的 CPU，通过 CPU-Z 软件可以查看 CPU 的信息，如 CPU 名称、厂商、内核进程、内部和外部时钟、局部时钟监测等参数。需要注意的是，CPU-Z 分为 32 位版本和 64 位版本，需要根据自己的系统进行下载安装。

2．HWiNFO32

HWiNFO32 是一个专业的系统信息工具软件，支持最新的技术和标准，允许用户检查计算机的全部硬件。通过 HWiNFO32 软件可以查看和显示处理器、主板及芯片组、PCMCIA 接口、BIOS 版本、内存等信息，另外还提供了对处理器、内存、硬盘（WIN9X 里不可用）以及 CD-ROM 的性能测试功能。

3.2.2　硬盘检测工具

1．HD Tune Pro

HD Tune Pro 是一个专业硬盘测试工具软件，主要检测内容包括硬盘传输速率、健康状态、温度及磁盘表面扫描等。另外，还能检测硬盘固件版本、序列号、容量、缓存等。

2．Victoria

Victoria 是一款硬盘检测修复工具软件，是 Windows 环境下强大的硬盘保护工具。具备硬盘表面检测、硬盘坏道修复、SMART 信息察看保存、Cache 缓存操纵等多功能的工具，支持众多型号硬盘解密；支持全系列检测和修复。

3.2.3　显示器测试工具

1．Nokia Monitor Test

Nokia Monitor Test 是一款由 NOKIA 公司出品的专业显示器测试工具软件，功能很全面，包括测试显示器的亮度、对比度、色纯、聚焦、水波纹、抖动、可读性等重要显示效果和技术参数。主要针对 CRT 显示器，部分测试项不适合 LCD。

2．DisplayX

DisplayX 是一款液晶显示器的测试工具软件，主要功能包括显示屏基准测试、自定义图片测试、测试响应时间、屏幕坏点和调校屏幕等。

3．CheckScreen

CheckScreen 是一款非常专业的液晶显示器测试工具软件，可以很好地检测液晶显示器的色彩、响应时间、文字显示效果、有无坏点、视频杂讯的程度和调节复杂度等各项参数。

Colour：色阶测试，以三原色及高达 1670 万种的色阶画面来测试色彩的表现力，当然是无色阶最好，但大多数液晶显示器均会有一些偏色，少数采用四灯管技术的品牌，画面光亮、色彩纯正、鲜艳。

Crosstalk：边缘锐利度测试，屏幕显示对比极强的黑白交错画面，用户可据此来检查液晶显示器色彩边缘的锐利程度。由于液晶显示器采用像素点发光的方式进行画面显示，因此不会存在 CRT 显示器的聚焦问题。

Smearing：响应时间，测试画面是一个飞速运动的小方块，如果响应时间比较长，将看到小方块运行轨迹上有很多同样的色块，这就是所谓的拖尾现象。如果响应间比较短，用户所看到的色块数量也会少得多。

Pixel Check：坏点检测，坏点数不大于 3 均属 A 级面板。

TracKing：视频杂讯检测，由于液晶显示较 CRT 显示器具有更强的抗干扰能力，即使稍有杂讯，采用"自动调节"功能后就可以将画面大小、时钟、相位等参数调节到理想状态。

3.2.4　内存检测工具

1．MemTest

MemTest 是一款内存检测工具软件，可以通过长时间运行以彻底检测内存的稳定性，同时还可以监测内存的存储与检索数据的能力。

2．RightMark Memory Analyzer

RightMark Memory Analyzer 是一款功能全面的通用 CPU、芯片组、内存的性能测试检测工具软件。它可以直接在 Windows 中运行，可以检测出所有与内存相关的硬件芯片详细信息，还能够根据硬件配置测试内存的稳定性。

3.2.5　显卡检测工具

1．3DMark

3DMark 是 Futuremark 公司的一款专为测试显卡性能的工具软件。其测试的主要方式是运行几个测试游戏，从中获得显卡的各个参数，并给出最后得分。

2．FurMark

FurMark 是 oZone3D 开发的一款 OpenGL 基准测试工具软件，通过皮毛渲染算法来衡量显卡的性能，同时还能据此考验显卡的稳定性。

3.2.6　光驱性能检测工具

1．Nero DiscSpeed

Nero DiscSpeed 是一款光驱检测实用工具软件，可以检测出光驱是 CLV、CAV 还是 P-CAV 格式，并能测试出光驱的真实速度，以及随机寻道时间及 CPU 占用率等。

2．VSO Inspector

VSO Inspector 是一款 DVD 光驱、刻录机的硬件信息报告工具软件。可以向用户报告 DVD 光驱、刻录机的硬件信息，及具体支持的读取、刻录等功能，还能检查光盘是否存在读取错误。

3.2.7　声卡检测工具

1．PassMark SoundCheck

PassMark SoundCheck 是一款非常不错的测试声卡、音箱和麦克风输入输出质量的工具软件,可以测试声卡对高低音频的解析度及麦克风的录音质量等。

2. 极智声卡测试工具

极智声卡测试工具是一款检测声卡的工具软件,可以检测声卡的名称、ID、驱动版本、输出声道、支持格式。

3.2.8　U 盘检测工具

1. ChipGenius

ChipGenius 是一款 USB 设备芯片型号检测工具软件,可以自动检测 U 盘、MP3/MP4、读卡器、移动硬盘等的主控芯片型号、制造商、品牌并提供相关资料下载地址,也可以检测 USB 设备的 VID/PID 信息、设备名称、序列号、设备版本等。

2. MyDiskTest

MyDiskTest 是一款 U 盘/SD 卡/CF 卡等移动存储产品扩容识别工具软件,可以方便地检测出存储产品是否经过扩充容量,以次充好。同时可以检测 FLASH 闪存是否有坏块,是否采用黑片,不破坏磁盘原有数据,并可以测试 U 盘的读取和写入速度。

3.2.9　电源检测工具

电源是计算机系统能够运行的动力之源。如果电源性能不佳,轻则机器时常反复启动,重则让机器瘫痪。即使机器配备的是品质优良的电源,但随着不断地给机器添置新的硬件和外设,电源有可能担当不起重任,这就需要用户对电源的状态做一番了解。但是对于电源的健康状态普通用户却无从了解,用万用表只能测试电压的平均值。因此,可以借助 OCCT 软件来测试计算机系统运行的稳定性,目前各 IT 媒体的硬件评测部门均用它来评测电源。

单靠 OCCT 是无法完成对电源的检测,它还有一位黄金搭档 MBM5 (Motherboard Monitor)。MBM5 的主要功能在于探测主板 CPU 温度以及电压,并可检测风扇的转速、硬盘性能等,特别是对 CPU、主板的电压和温度检测较好。OCCT 就是通过与 MBM5 软件共同协作才能为用户提供一份完美的电源质量报告。OCCT 通过 MBM5 所测出的数据,自动模拟计算机满负载运行的状态,让计算机连续 30min 满负载运行,最后得出相应的电压波动图,通过这些图,用户就可以了解电源健康状况。

1. 下载、设置软件

首先从网上下载 MBM5 和 OCCT 软件,然后进行安装。在利用 OCCT 进行测试前必须先对 MBM5 进行设置,只有 MBM5 测得的数据准确才能得到可靠的 OCCT 测试数据。

MBM5 安装结束后，先运行程序菜单中的"MBM Configuration Wizard（MBM 参数设置向导）"，然后一路"Next"。前面提过 MBM5 是一款检测主板、CPU 温度和电压的软件，但是目前新芯片组的主板层出不穷，因此 MBM5 提供了在线更新功能，此时我们需要点击向导窗口左下方的"Update"按钮对 MBM 所支持的硬件信息进行在线更新，更新结束后点击下一步，在出现的列表窗口中选定自己主板的生产厂商和对应型号（目前支持 1099 种主板，对于 P Ⅲ及更早期的主板不提供支持）。接下来设置向导将提示用户选择检测时显示的温度单位（摄氏度还是华氏度），默认为摄氏度。

2．检测电源

在安装好 MBM5 及 OCCT 后，点击桌面快捷方式就可以进入 OCCT 的主界面了。首先点击右下方的"Option（选项）"键进入设置窗口，在这里用户可以对测试电压的负载进行设置，供用户选择的有"Lowest（最低）"或者"Highest（最高）"等 5 个等级，还可以设置使用内存的大小、CPU 温度以及输出图像的格式。设置完毕后，点击"Go Back（返回）"回到主界面，再点击左下方的"Test（测试）"键就可以对电源进行测试了。

测试将进行 30min，这期间，OCCT 占用系统资源很多，用户最好不要进行其他操作，否则可能会出现死机。测试完毕后，OCCT 将把测试结果以分析图的方式呈现在用户眼前，这些分别是"系统温度变化""CPU 温度变化""+5V 的电压波动""+3.3V 的电压波动""+12V 的电压波动"以及"CPU 电压波动"。

如果用户的电源品质良好，那么图片上的各种电压波动幅度将非常小，即使有波动也是在正常范围之内；如果用户电源质量比较低劣，那么图片上各种电压的波动范围也会相应较大，甚至达到了危险的阶段。

3.2.10　整机检测工具

1．AIDA64

AIDA64 的前身是 EVEREST，是一款测试软硬件系统信息的工具软件，支持所有的 32 位和 64 位微软 Windows 操作系统，可详细显示出计算机系统的每一方面的信息。例如：查看系统摘要、查看显示设备信息、查看存储设备信息、测试内存与缓存、测试硬盘性能、测试系统稳定性等。

2．SiSoftware Sandra

SiSoftware Sandra 是一套功能强大的系统分析评比工具软件，拥有超过 30 种以上的分析与测试模组，主要包括有 CPU、Drives、CD-ROM/DVD、Memory、SCSI、APM/ACPI、鼠标、键盘、网络、主板、打印机等，还有 CPU、Drives、CD-ROM/DVD、Memory 的 Benchmark 工具，它还可将分析结果报告列表存盘。

3.3 计算机配置与管理

3.3.1 配置计算机运行环境

操作系统安装完成之后，需要配置计算机系统属性，从而使计算机达到最优性能。下面以 Windows 7 为例进行介绍。

1. 查看系统属性

右键单击桌面图标"计算机"，选择"属性"命令，打开"查看有关计算机的基本信息"页面，如图 3-1 所示。

图 3-1　系统属性对话框

2. 查看"设备管理器"

在图 3-1"查看有关计算机的基本信息"页面中左侧，选择控制面板主页列表中"设备管理器"项，打开"设备管理器"对话框，查看驱动是否正确安装，如果出现黄色三角形图标或者黄色问号时，则表示为该设备缺少驱动或者驱动有问题，需要安装才能使用，如图 3-2 所示。

3. 设置计算机的虚拟内存

通常计算机蓝屏有可能是虚拟内存过低引起。在图 3-1"查看有关计算机的基本信息"页面中左侧，选择控制面板主页列表中"高级系统设置"项，打开"系统属性"对话框，选择"高级"选项卡，然后继续单击"性能"中"设置"按钮，在打开的"性能选项"对话框中选择"高级"选项卡，单击虚拟内存中"更改"按钮，打开"虚拟内存"对话框，如图 3-3 所示，勾选"自定义大小"选项，设置初始大小和最大值，如：全部输入 512 就够了，单击"确定"按钮，完成设置。

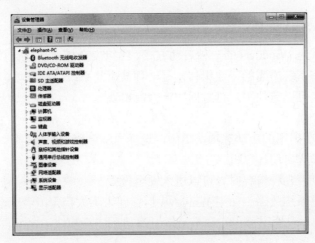

图 3-2　设备管理器

虚拟内存只是在物理内存不够用的情况下才会用到的，一旦用到虚拟内存，计算机系统可能会卡。所以不要以为虚拟内存设大一点，计算机系统运行速度就会好一点。相反，内存条如果足够大，根本用不着设置虚拟内存。

4. 设置启动和故障恢复等选项

在"系统属性"对话框中的"高级"选项卡中，单击"启动和故障恢复"中"设置"按钮，打开"启动和故障恢复"对话框，如图 3-4 所示，根据需要进行相关设置。

图 3-3　"虚拟内存"管理

图 3-4　启动和故障恢复

5. 设置计算机系统还原属性

单击"系统属性"对话框中的"系统还原"选项卡，在"系统还原"中单击"系统还原"按钮进行还原。

3.3.2 系统安全模式

安全模式是 Windows 的一种启动方式。当以安全模式启动计算机时，只会加载运行操作系统所需的特定组件，是一种最小的系统运行环境。用安全模式激活计算机，可以方便用户排除问题，修复错误。

进入安全模式的方法是：启动计算机，在系统进入 Windows 启动画面前，按下 F8 键，在出现的启动选项菜单中，选择"Safe Mode"或者"安全模式"，即可以安全模式启动计算机。

当出现以下几种情况时，可以进入安全模式。

（1）修复系统故障。如果 Windows 运行起来不太稳定或者无法正常启动，这时候先不要忙着重装系统，试着启动计算机到安全模式，之后再重新启动计算机，看看系统是否能恢复正常。

（2）恢复系统设置。如果用户在安装了新的软件或者更改了某些设置后，导致系统无法正常启动，需要进入安全模式中解决。如果是安装了新软件引起的，请在安全模式中卸载该软件，如果是更改了某些设置，比如显示分辨率设置超出显示器显示范围，导致了黑屏，则进入安全模式进行设置。

（3）彻底清除病毒。在 Windows 正常模式下有时候并不能干净彻底地清除病毒，可以把系统启动到安全模式并运行杀毒软件，这样杀起病毒来就更彻底、更干净。

第4章 军用软件维护与故障处理技术

军用软件是现代武器装备的灵魂，军用软件建设是军队实现信息化的关键。随着军队机械化、信息化水平的逐步提高，不同类型的军用软件将用于从单兵到全军的各个层次的指挥作战系统，用于以计算机做信息处理和系统控制的武器装备系统，用于军队日常的办公自动化系统。由于软件应用无处不在，给软件维护提出了新的、更多和更高的要求。

本章简要说明了军用软件的基本概念、军用软件维修的基础知识，介绍了军用软件故障的类型及简易排除方法，并针对日常应用介绍了几种软件维护基本方法。

4.1 军用软件的基本概念

4.1.1 什么是军用软件

军用软件通常指用于军事目的的软件，一般可分为两大类：一类是武器系统软件，另一类是非武器系统软件（称为自动化信息系统软件）。武器系统软件包括为武器系统专门设计或专用的并成为整个系统不可缺少的一部分嵌入式软件，如指挥、控制和通信软件，对武器系统及其完成任务起保障作用的其他武器系统软件，包括任务规划软件、战斗管理软件、后勤保障软件、演习分析软件、训练软件、飞行计划软件、应用测试软件、程序管理软件、模拟器软件等。非武器系统软件主要指执行与武器系统无关的系统使用和保障功能的软件，如科学计算软件、人员管理软件、资源控制软件、地图管理软件、设备维修软件、仿真软件和人工智能软件等。

4.1.2 军用软件的作用和特点

1. 作用

随着军队信息化程度的不断提高，军用软件已经渗透到军事应用的各个方面，成为武器装备体系中不可或缺的组成部分。现代武器系统称为"智能"武器，是因为软件为其提供了大脑。软件通过专用硬件的运行，可以完成许多的功能，如作战飞机的每一次使用基本上都依赖于软件，包括战略和战术行动，监视、探测、评估和预警等。在不少情况下，光有硬件是不行的，软件的功能甚至超出其他部件，如软件控制飞机的垂直稳定度，使飞机的隐身技术成为可能。软件的重要性已在高科技的战争中得到证明，主要体现在如下几个方面。

1）软件是高新武器装备的灵魂

在高新武器装备中，由软件实现的功能越来越多，有些装备由软件实现的功能甚至大大超过了硬件。软件不但能执行以前由硬件执行的许多功能，还能执行光靠硬件几乎无法执行的功能，例如，为减少雷达截面积，B-2 轰炸机没有垂直控制面，飞机的垂直稳定度全靠软件来控制，从而满足了 B-2 轰炸机隐身的要求。软件的应用不仅极大地提高了武器装备系统原有的许多性能，而且已成为整个军事系统的控制中枢和威力倍增器，成为高新武器装备的灵魂。

2）软件是构筑信息化装备体系的关键

现代战争是体系和体系的对抗，单一武器、单一系统的决胜作用已经逐渐弱化，由大量嵌入芯片和软件的各种武器装备形成的信息化装备体系已成为战争制胜的基础。构筑信息化装备体系绝不是各种装备的简单堆积，也不只是各种武器装备和系统之间的物理连通，而是通过软件的控制，使各种作战信息按照作战要求有序流动，满足体系内各部分之间互连互通互操作的要求，实现不同武器系统的功能互补、协同行动和互相支援。因此，软件已成为构筑信息化装备体系的关键。

3）软件可有效提升武器装备的整体作战效能

由于软件能极大提高武器系统的信息获取、传输、处理、存储、管理、分发及其数字化、智能化、网络化水平，利用软件技术对已有武器装备进行改造已成为部分武器装备升级换代所依靠的主要模式之一。利用软件技术进行改造不仅能大大提高武器装备作战效能，而且具有成本小、周期短和效果好的优点。例如，伊拉克战争前夕，美国海军 F-14 战斗机主要通过软件升级的方式具备了投放精确制导武器的能力，使改造周期从以往的几个月甚至几年缩短至 3 个星期。另外，美军的全球指挥控制系统近几次的改进也主要是通过软件升级实现的。

4）软件是信息战中攻防对抗装备发展的焦点

信息战已成为现代战争的主要模式。一方面，作为一类特殊软件的计算机病毒已成为信息战进攻的重要手段，其作用主要是通过破坏敌方信息系统和计算机网络中的软件，达到使其瘫痪的目的。在海湾战争中，美军利用开发的计算机病毒"预埋"技术，在芯片中植入计算机病毒，给伊方造成了重大的损失。另一方面，信息安全软件、网络防护软件成为信息战防御的关键工具。为对抗计算机病毒和其他针对信息系统及网络中软件的攻击，保证其正常运行，各国都在开发以软件为主要形式的对抗措施。

2. 特点

软件本身的复杂性、抽象性和易变性使软件难以研制，质量难以保证。军用软件的特殊应用又使其开发和质量保证难度增大，主要体现在以下几个方面。

（1）军用软件要面临复杂、不确定和恶劣的作战环境，必须具有抗毁和容错能力。因此，军用软件应具有高可靠性、高安全性和高生存性。

（2）在信息对抗环境下，要求军用软件具有较高的安全防护能力。因此，军用软件应具有高保密性。

（3）作战使命任务对军用软件的信息传输处理速度、对外部事件的快速响应能力提出了更高的要求。因此，军用软件应具有高的实时性要求。

（4）军用软件不少是嵌入式的，受到严格的硬件和软件条件的约束，被硬件及软件体系结构、操作系统特性、应用需求和编程语言的变化所制约。

（5）军用软件的开发还要纳入武器装备研制过程，这决定了军用软件开发方法要与硬件研制中采用的自下而上的方法相一致。

（6）军用软件规模巨大，如一架现代战斗机所包含的软件已经超过 2500 万行源代码，一艘现代化战舰或潜艇所包含的软件有 5000 万行源代码，宇宙飞船的软件总代码超过 2000 万行，航天飞机的软件总代码超过 4000 万行，空间站的软件总代码超过 10 亿行。软件规模越大，就越复杂，这不仅带来了技术问题，而且为软件的管理带来了很大的困难。

（7）现代化战争是一体化的联合作战，需要进行数据交换、信息共享、应用协同，这些均对军用软件提出了高互操作性要求。

上述军用软件的特点对军用软件研制管理的方法和技术都有特殊要求，同时还要求开发人员具备相关应用领域的知识，另外，军用软件对开发设施和工具、安全保密等方面都有较高的要求。

4.2　军用软件维护基础

在软件产品被开发出来并交付用户使用之后，就进入了软件的运行维护阶段。这个阶段是软件生命周期的最后一个阶段，其基本任务是保证软件在一个相当长的时期能够正常运行。软件维护需要的工作量很大，平均说来，大型软件的维护成本高达开发成本的 4 倍左右。目前国外许多软件开发组织把 60% 以上的人力用于维护已有的软件，而且随着软件数量增多和使用寿命延长，这个百分比还在持续上升。将来维护工作甚至可能会束缚住软件开发组织的手脚，使他们没有余力开发新的软件。

4.2.1 软件维护的概念

1. 软件维护的定义

软件维护是软件生命周期中的最后一个阶段也是最重要的历时最长的一个阶段，处于系统投入生产运行以后的时期。而软件维护又与普通的商品维护不一样，因为软件产品在重复使用的过程中不会像车辆、电器那样有磨损。所谓软件维护，就是指软件系统交付使用以后，为了改正软件运行错误，或者为了满足新的需求而加入新功能的修改软件的过程。

2. 软件维护的内容

软件维护的内容包括 4 种：纠错性维护（改正性维护）、适应性维护、完善性维护或增强和预防性维护。除此 4 类维护活动外，还有一些其他类型的维护活动，如支援性维护（用户的培训等）。

1）改正性维护

改正性维护是指改正在系统开发阶段已发生而系统测试阶段尚未发现的错误。这方面的维护工作量要占整个维护工作量的 17%～21%。所发现的错误有的危害性小，不影响系统的正常运行，其维护工作可随时进行；而有的错误非常致命，甚至影响整个系统的正常运行，其维护工作必须制定计划，进行修改，并且要进行复查和控制。

2）适应性维护

适应性维护是指使用软件适应信息技术变化和管理需求变化而进行的修改。这方面的维护工作量占整个维护工作量的 18%～25%。由于目前计算机硬件价格的不断下降，各类系统软件屡出不穷，人们常常为改善系统硬件环境和运行环境而产生系统更新换代的需求；外部环境和管理需求的不断变化也使得各级管理人员不断提出新的信息需求，这些因素都将导致适应性维护工作的产生。进行这方面的维护工作也要像系统开发一样，有计划、有步骤地进行。

3）完善性维护

完善性维护是为扩充功能和改善性能而进行的修改，主要是指对已有的软件系统增加一些在系统分析和设计阶段中没有规定的功能与性能特征。这些功能对完善系统功能是非常必要的。另外，还包括对处理效率和编写程序的改进，这方面的维护占整个维护工作的 50%～60%，比重较大，也是影响系统开发质量的重要方面。这方面的维护除了要有计划、有步骤地完成外，还要注意将相关的文档资料加入到前面相应的文档中去。

4）预防性维护

预防性维护为了改进应用软件的可靠性和可维护性，为了适应未来的软硬件环境的变化，应主动增加预防性的新功能，以使应用系统适应各类变化而不被淘汰。例如将专用报表功能改成通用报表生成功能，以适应将来报表格式的变化。这方面的维护工作量占整个维护工作量的 4% 左右。

针对以上几种类型的维护，可以采取一些维护策略，以控制维护成本。

3. 软件维护的成本

软件维护活动所花费的工作量占软件整个生存期工作量的 70% 以上。软件维护工作量越大，其维护的成本就越高。影响软件维护工作量的因素有很多，就软件本身而言，有以下几个方面。

1）系统的大小

系统的大小可采用源程序语句数、模块数、输入/输出文件数，数据库所占字节数及预定义的用户报表数等来度量。系统越大，功能就越复杂，理解并掌握起来就越困难，因此维护工作量也就越大。

2）程序设计语言

语言的功能越强，生成程序所需的指令或语句数就越少，并且程序的可读性也越好。一般地，语言越高级越容易被人们所理解和掌握。因此，程序设计语言越高级，相应维护工作量也就越少。

3）系统年龄

系统越旧，修改维护经历的次数就越多，从而结构也就越来越乱，而且旧系统会存在没有文档或文档较少或文档与程序代码不一致等现象。同时，有可能旧系统的开发人员已经离开，维护人员又经常更换等。这些使得旧系统比新系统需要更多的维护工作量。

4）数据库技术的应用

使用数据库，可以简单而有效地管理和存储用户程序中的数据，还可减少生成用户报表应用软件的维护工作量。

5）软件开发新技术的运用

在软件开发时，使用能使软件结构比较稳定的分析与设计技术，以及程序设计技术，如面向对象技术、构件技术、可视化程序设计技术等，可以减少大量的工作量。

除此之外，应用的类型、任务的难度等对维护工作量都有影响。

4.2.2　软件维护的特点

1. 结构化维护与非结构化维护差别巨大

软件开发过程对软件的维护有较大的影响。开发的软件产品具有各阶段完善的文档，易于理解和掌握软件的功能、性能、系统结构、数据结构、系统接口和设计约束等，进行维护活动时很方便，这是一种结构化维护。开发的软件只有程序而无文档，维护工作非常困难，这是一种非结构化的维护。非结构化的维护需要花费大量的人力、物力分析源程序，常常会误解问题，最终对源程序的修改的后果是难以估量的，很难保证程序的正确性，因此维护的代价巨大。

2．维护的代价高昂

在过去的几十年中，软件维护的费用稳步上升。1970 年用于维护已有软件的费用只占软件总预算的 35%～40%，1980 年上升为 40%～60%，1990 年上升为 70%～80%，现在超过 80%。维护费用只不过是软件维护的最明显的代价，其他一些现在还不明显的代价将来可能更为人们所关注。因为可用的资源必须供维护任务使用，以致耽误甚至丧失开发的良机，这是软件维护的一个无形的代价。其他无形的代价还有：当看来合理的有关改错或修改的要求不能及时满足时将引起用户不满；由于维护时的改动，在软件中引入了潜伏的错误，从而降低了软件的质量；当必须把软件工程师调去从事维护工作时，将在开发过程中造成混乱。软件维护的最后一个代价是生产率的大幅度下降，这种情况在维护旧程序时常常遇到。

3．维护的问题很多

与软件维护有关的绝大多数问题，都可归因于软件定义和软件开发的方法有缺点。在软件生命周期的前两个时期没有严格而又科学的管理和规划，几乎必然会导致在最后阶段出现问题。

4.2.3　软件维护的困难

1．软件维护人员变动

软件维护是一个长期的过程，当软件需要维护时，维护者首先要对软件各个阶段的文档和代码进行分析、理解，在大多数情况下，软件维护工作并不是由软件的设计和开发人员来完成，而是由一个专门的维护机构承担，因为软件交付使用以后，开发人员就会开始新产品的研发，无暇顾及软件的维护工作，维护工作就交到专门的维护团队，但是理解别人的源程序是非常困难的，如果文档不全，或仅有程序无文档，难度则更大。

2．未严格遵守软件开发标准

由于有的软件在设计时没有考虑到将来会修改，既没有使用统一的编程语言，也没有按模块独立设计原理进行设计，因此这种软件的维护既困难也易出错，软件生命周期越长，越难维护。

3．文档缺失、不充分或过期

这主要表现在各类文档之间的不一致、文档与程序之间的不一致性以及文档缺失，从而导致维护人员不知如何进行修改和维护，加大了维护的难度。造成这种情况的原因是开发过程和维护过程中文档管理不善，开发、测试中经常会出现修改了程序而忘记修改相关文档，或者是修改了某个文档而没有修改与之相关的其他文档。

4. 软件维护工作本身不具备吸引力

开发组人员通常承担软件系统的初期维护，因为他们对软件最熟悉，维护起来最方便，然而当软件转入正常使用后，开发人员就会被分配去承担其他新产品的研发，这样开发人员就可以集中精力做好开发工作，所以维护工作就由专门的维护机构承担而非开发人员。

5. 软件维护工作是一项难出成果、经常受挫、大家都不愿意干的工作

高水平的程序员不愿意去做维护工作，而专门维护人员又不甘心长期从事软件维护工作。这样就造成了维护人员不断更换，影响了软件的可维护性。

4.3 军用软件故障处理

软件主要包括系统软件和应用软件，如果计算机在工作过程中出现软件故障，如操作人员对软件使用不当，系统软件或应用软件安装不当或受损，配置不当或受到病毒感染等，轻则导致计算机出现处理数据错误，重则导致计算机不能正常工作或"死机"。这类故障称为计算机软件故障。

4.3.1 军用软件故障分类

军用软件属于计算机软件，故障大致分为软件兼容故障、系统配置故障、病毒故障、操作系统故障、应用软件设计故障和操作系统设计故障。

1. 软件兼容故障

软件兼容故障是指应用软件与操作系统不兼容造成的故障，修复此类故障通常需要将不兼容的软件卸载，故障即可消除。

2. 系统配置故障

系统配置故障是指由于修改操作系统中的系统设置选项而导致的故障，修复此类故障通常恢复修改过的系统参数即可。

3. 病毒故障

病毒故障是指计算机中的系统文件或应用程序感染病毒而遭破坏，造成计算机无法正常运行的故障，修复此类故障需要先杀毒，再将破坏的文件修复即可。

4. 操作系统故障

操作系统故障是指由于误删除文件或非法关机等不当操作造成计算机程序无法运行或计算机无法启动的故障，修复此类故障只要将删除或损坏的文件恢复即可。

5. 应用软件设计故障

应用软件设计故障是指应用软件在开发过程中产生的软件错误或漏洞，而软件测试过程中没有发现，在交付给用户使用后由于某些原因激活而产生的故障。这些故障属于改正性维护范畴，修复此类故障需要进行软件版本升级。

6. 操作系统设计故障

操作系统设计故障是指操作系统本身在设计上产生的错误或漏洞，特别是在安全问题上存在的设计不足等的故障。修复此类故障经常需要补漏洞或进行操作系统版本升级。

4.3.2　军用软件故障处理方法

1. 安全模式法

安全模式法主要用来诊断由于注册表损坏或一些软件不兼容导致的操作系统无法启动的故障。

安全模式法的诊断步骤如下：

（1）启动计算机，选择安全模式进入操作系统，如果存在不兼容的软件，在系统启动后将它卸载，然后正常退出。

（2）重新启动计算机，正常模式进入操作系统，启动后安装新的软件即可，如果还是不能正常启动，则需要使用其他方法排除故障。

2. 软件最小系统法

软件最小系统法是指从维修判断的角度能使计算机开机运行的最基本的软件环境，即只有一个基本的操作系统环境，不安装任何应用软件，可以卸载所有的应用软件或者重新安装操作系统即可。然后根据故障分析判断的需要，安装需要的应用软件。使用一个干净的操作系统环境，可以判断故障是属于系统问题、软件冲突问题，还是软、硬件间的冲突问题。

3. 程序诊断法

针对运行环境不稳定等故障，可以采用专用的软件来对计算机的软、硬件进行测试，如 3DMark、FurMark 等，根据这些软件的反复测试而生成报告文件，就可以比较轻松地找到一些由于系统运行不稳定而引起的故障。

4. 逐步添加/去除软件法

逐步添加软件法，以最小系统为基础，每次只向系统添加一个软件，来检查故障现象是否发生变化，以此来判断故障软件。逐步去除软件法，正好与逐步添加软件法的操作相反。

4.3.3　军用软件故障处理顺序

当计算机出现故障时，如果故障属于软件故障，则按照下面的处理顺序进行检修。

1．判断故障

维修故障前，首先尽可能详细地了解故障发生前后的情况，包括发生故障前正在运行哪些软件、正在使用哪些设备及故障发生后出现了哪些提示或异常。初步判断计算机故障的类型，是属于操作系统故障，还是应用软件故障等，找出发生故障的原因。

2．定位故障

初步判断计算机故障的原因后，根据自身已有的知识和经验来进行确定故障的具体位置，可以将怀疑的故障软件删除。

3．区分故障

维修故障时，要仔细检查引起故障的主要原因，是软件损坏还是病毒等原因引起的，再根据具体的情况，彻底排除软件故障。

4.3.4 常见软件故障处理

软件发生故障的原因有几个，如丢失文件、文件版本不匹配、内存冲突、内存耗尽，具体的情况不同，也许只因为运行了一个特定的软件，也许很严重，类似于一个系统级故障。为了避免这种错误的出现，可以仔细分析一下每种情况发生的原因，研究如何检测和避免。

1．丢失文件

每次启动计算机和运行程序的时候，都会牵扯到上百个文件，绝大多数文件是一些虚拟驱动程序（VxD）和应用程序非常依赖的动态链接库（DLL）。VxD 允许多个应用程序同时访问同一个硬件并保证不会引起冲突，DLL 则是一些独立于程序、单独以文件形式保存的可执行子程序，它们只有在需要的时候才会调入内存，可以更有效地使用内存。若这两类文件被删除或者损坏，依赖于它们的设备和文件就不能正常工作。

要检测一个丢失的启动文件，可以在启动计算机的时候观察屏幕，丢失的文件会显示一个"不能找到某个设备文件"的信息和该文件的文件名、位置，要求按键继续启动进程。

造成类似这种启动错误信息的绝大多数原因是没有正确使用卸载软件。如果有一个在 Windows 启动后自动运行的程序，如 Norton 等，希望卸载它们，应该使用程序自带的"卸载"选项，一般在"开始"菜单的"程序"文件夹中该文件的选项里会有，或者使用"控制面板"的"添加/卸载"选项。如果直接删除了这个文件夹，在下次启动后就可能会出现上面的错误提示。其原因是Windows 找不到相应的文件来匹配启动命令，而这个命令实际上是在软件第一次安装时就已经置入到注册表中了。可能需要重新安装这个软件，也许丢失的文件没有备份，但是至少知道是什么文件受到影响和它们的来源。

对文件夹和文件重新命名也会出现问题，在软件安装前就应该决定好这个新文件所在文件夹的名字。

如果删除或者重命名了一个在"开始"菜单中运行的文件夹或者文件，会得到另外一个错误信息，在屏幕上将出现一个对话框，提示"无效的启动程序"并显示文件名，但是没有文件的位置。如果桌面或者"开始"菜单中的快捷键指向了一个被删除的文件和文件夹，就会得到一个类似的"丢失快捷键"的提示。

丢失的文件可能被保存在一个单独的文件中，或是在被几个生产厂商相同的应用程序共享的文件夹中，例如：文件夹\SYMANTEC 就被 Norton Utilities、Norton Antivirus 和其他一些 Symantec 系列的软件共享，而对于\Windows\system 来说，其中的文件被所有的程序共享。建议最好搜索原来的光盘等存储设备，重新安装被损坏的程序。

2．文件版本不匹配

绝大多数用户在使用过程中会不断往系统中安装各种不同的软件，包括 Windows 的各种补丁，这其中的每一步操作都需要向系统复制新文件或者更换现存的文件，在这个操作过程中可能出现新软件与当前软件不兼容的问题。

因为在安装新软件和升级 Windows 的时候，复制到系统中的大多是 DLL 文件，而 DLL 文件不能与当前软件"合作"是产生大多数非法操作的主要原因，即使能快速关闭被影响的程序，也没有额外的时间来保存尚未完成的工作。Windows 的基本设计使得上述 DLL 错误频频发生。

在安装新软件之前，先备份\Windows\system 文件夹的内容，可以将 DLL 错误出现的几率降低，既然大多数 DLL 错误发生的原因在此，保证 DLL 运行安全是必要的。而绝大多数新软件在安装时也会检查当前的 DLL，如果需要更新，将给出提示，一般可以保留新版，注明文件名，以免出现问题。

绝大多数卸载软件也能用来监视安装，这些监视记录可以保证在以后的卸载时更加准确，另外也可以知道哪些文件被修改了，如果提供备份功能，可以保存旧版本的文件和安装过程中被置换的文件。

另一个避免出现 DLL 引起的非法操作的办法是避免同时运行不同版本的同一款软件，即使为新版本软件准备了另一个新文件夹，同时使用两个版本，会出现非法错误信息。

3．非法操作

用户在使用计算机过程中经常遇到"非法操作"的故障，系统"非法操作"后不要马上选择关闭，而是应该先检查一下其详细资料，记下是哪些文件执行了"非法操作"，然后再关闭对话框，重启系统，如果不重启就直接打开刚才出错的程序，很容易导致多个相关文件接连被破坏，最严重时会使整个系统瘫痪。如果在重启后，运行该程序不再出现"非法操作"，就说明这只是偶然发生的内存冲突，属于正常情况。出现"非法操作"有以下多种原因。

1）软件问题

首先，某些软件开发人员只是一味追求自己的软件能够出色运行，在编写程序时忽略了与系统和其他软件的兼容性，以致于软件在运行中抢夺系统或者其他软件所占用的内存致使系统出错。

解决办法：卸载这些软件，不使用与系统不兼容的软件。

其次，软件在安装时擅自将一些重要的系统文件进行替换，而它所替换的系统文件很可能版本低或是存在问题，这样也很容易出现其他程序调用该系统文件时出现错误。

解决方法：采用文件检查器或者系统还原恢复。

再次，Windows 本身也有很多不足，尤其表现在它不能合理地分配和回收内存资源上，这就造成有的软件运行时得不到相应地址内存而"非法操作"。

解决方法：升级系统，打补丁。

2）硬件问题

"非法操作"与内存有很大关系，所以内存条的质量应列为首要怀疑对象。

解决办法：检查内存条，更换插槽或者使用橡皮擦一下金手指。

硬件本身的质量问题也不可忽视，例如将有些劣质显卡的硬件加速开到最大时，就会莫名其妙地出现"非法操作"。

解决方法：如果提示错误并且不能进入系统，可以在启动模式中选择"最后一次正确的配置"；如果能够进入系统，那么删除驱动程序后再安装新版驱动程序。

3）人为因素

有些用户为了方便，会同时运行大量的软件，也有些用户为了加快上网浏览速度同时打开多个浏览窗口，这些"不良"的习惯和做法都会严重影响系统的稳定性。虽然 Windows 是多任务操作平台，但其内存和系统资源是有限的，同时让多个程序驻留内存不仅占用了本来已经不多的内存和系统资源，有时还会导致程序同时调用相同地址的内存而发生冲突。这样的后果是：轻则出现"非法操作"，重则系统锁死。

解决方法：在"运行"对话框内键入"msconfig"，并在启动项中将没有必要与系统同时启动的程序前的复选项去掉。

一些用户在删除软件时不按照正常的方法进行卸载，而是直接将软件所在目录整个删除，导致软件安装时放到系统目录的文件和注册表中的信息都没有能够删掉，使硬盘中的垃圾文件越来越多，注册表错误百出，当然也就很容易使系统出现错误了，或者在删除软件的时候这个软件正在运行，使系统删除文件出错。

解决办法是：重新安装该软件后再用"添加/删除程序"删除该软件。

4. 蓝屏

蓝屏是指 Windows 操作系统在无法从一个系统错误中恢复过来时所显示的屏幕图像。出现蓝屏故障的原因多种多样，一些是在 Windows 启动时出现的，一些是用户在运行软件时产生的。其故障原因主要有以下几个方面。

1）内存接触不良

系统在运行时，很多数据的高速存取操作都要在内存当中来完成的，如果在系统数据的存取过程中出现问题，将直接导致系统崩溃或者蓝屏。计算机使用久了，机箱中难免积很多灰尘，而这些灰尘就很可能导致内存条接触不良。此外，在使用计算机过程中，由于不小心碰到主机箱，引起主机箱的震动，也可能造成内存条接触不良。

解决方法：清理机箱，拔下内存条，采用橡皮擦拭金手指，再重新插紧。

2）软件兼容性问题

如果之前系统一直没有出现过蓝屏现象，而在近期安装了某款软件，或者在某款软件运行的时候出现了蓝屏，那么通常就可以认为是这款软件引起的蓝屏。系统可能因为一些软件的兼容性问题而造成不稳定并导致崩溃、蓝屏。

解决方法：卸载相关软件或使用系统还原功能，还原系统至上一个还原点。

3）硬盘出现坏道

如果系统出现蓝屏的几率比较高，而且也排除了上述两种可能的原因，就要考虑检查一下是不是硬盘出现了坏道。与内存一样，硬盘也承担着数据存取的操作，如果需要存储或者读取数据的区域出现了坏道，那么将直接导致数据存取失败，从而造成系统无法正常运行，导致系统崩溃、蓝屏。

解决方法：备份重要数据（所有硬盘数据）后重新格式化系统分区，如果格式化成功则不影响使用，否则只能弃用该分区或者更换硬盘。

4）其他原因

除了上述 3 种最常见的情况还有其他一些可能，例如病毒感染系统，造成系统文件错误，也可能引起蓝屏，这就需要使用杀毒软件来查杀病毒；系统资源耗尽也会引起崩溃、蓝屏；驱动程序没有正常安装等。

5. 死机

死机故障是使用计算机过程中最常见的故障，其表现有无法启动系统、画面"定格"无反应、鼠标和键盘无法输入、软件运行非正常中断等。死机的原因主要有以下几个方面。

1）系统问题

操作系统对于整个计算机系统来说是至关重要的，而系统问题导致出现的死机，一般是系统文件损坏，或者是启动文件被破坏。

2）软件问题

在操作系统中使用次数最频繁的就是应用软件，应用软件也是使用工具软件制作出来的。在人为制作的过程中，难免出现漏洞或者错误。例如，在进入、退出游戏的时候，就很容易出现死机现象。因为游戏本身是使用内存调用的方式运行，在调用内存的时候，可能会因为运算错误或者程序本身编写错误，造成死机。而这样的情况，只有重新安装软件或者安装软件的相应补丁。

3）软件病毒残留文件

在软件卸载以及病毒被删除的时候，会残留一些文件，如历史文件、DLL等文件。而这些文件可能还会残留在系统的注册文件里，使用的时候就相当于正常使用，但事实上这些文件已经没有了，所以，系统在调用的时候，无法找到程序，可能会形成一个死循环，造成死机。软件和病毒残留文件也可能造成死机，所以在卸载以及杀毒的时候，需要注意是否留下临时文件、历史文件以及文件里没有删除的文件，这些都需要删除。

4）软件不兼容

有些软件，可能会和操作系统以及其他软件产生冲突。比如杀毒软件，由于杀毒机制的不同，在使用系统权限的时候可能会产生冲突，或者是其他软件也是如此。所以这类文件错误的解决方法是卸载、重新安装或者直接删除。

5）缓存设置不合理

缓存就是把硬盘上的内容调用到缓存区里，以加快速度访问。设置了可以存放数据的容量，如果设置不当，就很容易造成死机。所以如果出现问题，只要设置为默认或者设置正确就可以了。

6）系统资源匮乏

系统资源，整体来说是整个计算机的硬件资源，但是其中最重要的是内存。内存是系统中非常重要的部件，主要负责系统运行时的数据存储，所以如果设置不当，就会造成数据丢失等错误或者死机。如果出现这样的情况，那么先检查是否占用内存很多的不正常的进程文件，关闭一些不常用的软件。

7）病毒、木马

病毒和木马，其实也是计算机程序，只是工作的原理和工作目标不一样而已。所以，病毒和木马在运行的时候，恶意地使用系统资源或者破坏系统文件，对系统资源以及系统文件造成破坏。如果发现这种情况，应马上升级杀毒软件或者使用病毒专杀工具。另外，平时要注意打开病毒的实时监控以即时保护操作系统。

8）硬件过热

计算机硬件其实也是印制电路板等电子设备组成的，所以在用电的时候，会产生热量。因此计算机的散热也很重要，如果不注意散热，就可能导致硬件产品破坏或者烧毁。若硬件过热，需要先从机箱着手检查，然后再从 CPU 等设备开始检查，一一排除分析，如果是风扇的原因，可以更换散热风扇或者加润滑油等，使其能够正常工作。

9）硬盘

硬盘是计算机存储数据的重要硬件。在运行的时候，对于硬盘的访问是很频繁的。硬盘在读取和写入的过程中，都以高速运行，若意外断电，则可能出现错误，甚至对硬盘盘面造成损害。所以，如果硬盘出现坏道或者硬盘碎片太多的时候，应首先使用磁盘检测工具检测，若判断为硬盘存在坏道，可以在检测以后再使用坏道检测工具检测，以提前发现，尽早处理。

10）硬件质量

硬件质量和电子产品的质量一样，如果制作工艺不精良，改装技术不好等，就无法使硬件正常工作。例如，如果电源供电不稳定，也可能造成死机的情况。所以在选购计算机的时候，一定要注意硬件的质量。

6．防止软件故障的主要注意事项

（1）在安装一款新软件之前，应先检查一下与操作系统的兼容性；

（2）在安装一个新的程序之前需要保护已经存在的被共享使用的 DLL 文件，防止在安装新文件时被其他文件覆盖；

（3）在出现非法操作和蓝屏的时候仔细研究提示信息分析原因；

（4）随时监察系统资源的占用情况；

（5）使用卸载软件删除已安装的程序。

4.4　软件安装与部署测试

4.4.1　安装测试

安装测试是指按照软件产品安装手册或相应的文档，在一个和用户使用该产品完全一样的环境中或相当于用户使用环境中，进行一步步的操作完成安装的过程所进行的测试。安装测试可以分为以下类型：

（1）全新安装。待安装的软件包是完整的，包含了所有的文件。

（2）升级版本安装。部分文件构成的软件包。

（3）补丁式安装。很小的改动或很少文件的更新，软件版本不变，系统运行环境改变，性能调优，只改参数，没有软件文件的变化。

即使对升级安装，实际也是有差别的，一种是完全替换原来版本，另一种就是保持多种版本共存，后者的难度会更大。不管是哪一种情况，用户数据得到保护，包括完整性、一致性的验证，是非常重要的。系统迁移也可以并入安装测试。

安装测试也可以根据软件所属特征来划分：客户端软件安装、服务器安装、整个网络系统安装。

安装测试主要进行以下 3 个方面的测试：

（1）环境的不同设置或配置。强调用户的使用环境，考虑各种环境的因素的影响，如一个完全崭新的、非常干净的操作系统或应用系统之上去进行某个产品的安装，或者是考虑各种硬件接口的要求。

（2）安装文档的准确性。进行安装测试时，必须一步步地完全按照文档去做（如复制文档指令，粘贴到系统相应位置），不能下意识地使用已有的经验去纠正安装不对的地方。

（3）安装的媒体制作是否有问题。包括最后制作时可能会丢了一个文件，或感染计算机病毒等。

安装测试有时容易被忽略，如果测试不充分，其损失依然很大，例如：必须换回全部安装盘、重印安装手册或增加技术支持负担，所以安装测试也是一个重要的测试阶段。

4.4.2　部署测试

在很多情况下，软件必须在多种平台及操作系统环境中运行。

配置测试主要是针对硬件而言，其测试过程是测试目标软件在具体硬件配置情况下，出不出现问题，为的是发现硬件配置可能出现的问题。

软件部署逻辑、物理设计完成后，必须通过验证才能进入实施阶段。部署设计的验证首先是在实验室环境中进行，也就是和软件的系统测试结合起来做，包括性能测试、安装测试等，称为软件部署的试验性系统验证。实验室环境还不是真正产品运行的环境，部署设计的进一步验证需要在实际的运行环境中进行，这就是原型系统的验证。Beta 测试，将系统（试用版）有限地部署给选定的一组用户，以确定其能否满足业务要求，所以可以看作原型系统验证的一部分。

软件部署的试验性系统和原型系统验证完成之后，实际也宣告了软件部署的实施结束。软件部署的验证和实施的过程一般包括以下步骤：

（1）构建网络和硬件基础结构，安装和配置相关的软件，开发试验性系统。

（2）根据测试计划/设计执行安装测试、功能测试、性能测试和负载测试。

（3）测试通过后，开始规划原型系统，进行原型系统的网络构建、软硬件的安装和配置；数据备份或做好可以恢复（Roll-back）的准备；将数据从现有应用程序迁移到当前解决方案。

（4）根据培训计划，培训部署的管理员；用户完成所有的部署。在这些过程中，保证系统和用户数据的不丢失是非常重要的，众所周知，数据比系统更为重要。

试验性部署测试和原型部署测试的目的是，在测试条件下尽可能确定部署是否既能满足系统要求，又可实现业务目标。理想情况下，功能性测试可以模拟各种部署方案以完成所需要执行的测试用例，并且定义相应的质量标准来衡量其符合性。负载测试衡量在峰值负载下的测量性能，通常使用一系列模拟环境和负载发生器来衡量数据吞吐量和性能。对于没有明确定义、缺乏原始数据积累的全新系统，功能性测试和负载测试尤其重要。

通过测试能够发现部署设计规范存在的问题，可能需要返回先前的部署设计阶段，重新设计或修正设计，再进行试验性部署测试，直至没有问题，才向原型系统展开部署。测试原型部署时，也可能会发现部署设计中存在的问题，同样需要返回先前的部署设计阶段。如果发生这种情况，其代价相当大，并严重影响产品发布的时间表。所以，软件部署设计的评审是非常重要的，应避免任何严重设计的问题被忽视。这样，试验性部署测试和原型部署测试所发现的问题，就可以通过软硬件的配置调整加以解决，如增加内存、参数修改等。

实际运行系统的部署通常分阶段进行，有助于隔离、确定和解决服务可能在实际运行环境中遇到的问题，特别是对会影响大量用户的大型部署具有尤其重要的意义。分阶段部署可以先向一小部分用户部署，然后逐步扩大用户范围，直至将其部署给所有用户。分阶段部署也可这样进行：先部署一定类型的服务，然后逐步引入其余类型的服务。所以，软件实际运行系统的部署过程分为两个重要阶段：LA（Limited Available）和 GA（General Available）。由于测试永远不可能完全模拟生产环境，并且已部署解决方案的性质会发生演进和改变，因此应继续监视部署的系统，以确定是否有需要调整、维护或修补的部分。

4.5　软件系统维护基本方法

软件系统的维护分为系统软件的维护和应用软件的维护，系统软件的维护主要指操作系统的维护，一般更新不会太频繁，相对较稳定。而应用软件种类繁多、用途各异，维护比较复杂。下面主要介绍软件系统使用过程中最常用的维护方法。

4.5.1 系统安装与卸载

1. 操作系统的安装与卸载

1）操作系统的安装方法

操作系统有多种安装方法，它们各有优点和缺点。

（1）从光盘进行安装。这种操作系统安装方法是微软公司一直推荐采用的方法，它的优点是安装简单，安装过程中用户的可控性较强，缺点是安装时间较长。

（2）从 U 盘进行安装。由于光盘的读写性能很差，而且部分计算机没有安装光驱，近年来大部分用户采用 U 盘进行系统安装。U 盘安装的方法有系统原盘安装、系统克隆安装、系统镜像安装等。U 盘安装的优点是简单方便，缺点是系统盘制作麻烦。

（3）从硬盘进行安装。从硬盘操作系统主要用于系统升级，例如从 Windows 7 升级到 Windows 8，或者是操作系统程序故障后，进行系统恢复安装。

（4）从网络进行安装。大批量计算机操作系统的安装（如机房），往往利用克隆软件从网络进行同步安装。

2）操作系统安装前的准备

（1）准备好系统安装盘。可以是 Windows 系统安装光盘，或者是自己制作的 Windows PE 安装 U 盘，准备好主板和显卡驱动程序。

（2）对将要安装操作系统的硬盘进行数据备份。

（3）安装操作系统前，在 BIOS 中屏蔽一些不需要的功能。例如，部分主板芯片组支持 AC 97 音频系统，一般应当将它屏蔽；在 BIOS 的 Power Management Setup 菜单项中，将 ACPI（高级电源管理接口）功能设置为 Enabled（允许），这样操作系统才可以使用电源管理功能，否则操作系统安装好后，会在"设备管理器"中出现有黄色"？"标记的设备；如果无法启动 Windows 7 安装程序，可能是 BIOS 中开启了软驱（FDD），需要在 BIOS 里将软驱关闭等。

3）操作系统安装过程

（1）引导盘 BIOS 设置。开机重启，按 Delete 键进入 BIOS 设置界面，找到 Advanced BIOS Featured 后回车，用方向键选定 1st Boot Device（第 1 引导设备），用 PgUp 或 PgDn 键翻页，将它右边的 HDD-0（硬盘启动）改为 USB-HDD 按 F10 再输入"Y"后回车，保存退出。

（2）安装系统。将 Windows PE 安装 U 盘插入 USB 接口，重新启动，进入 Windows PE 桌面后，进入原来做好的 Windows 7 镜像文件目录，执行 Windows 7 种的 Install.wim 安装文件，开始安装操作系统。系统盘开始复制文件，加载硬件驱动，进到安装向导中文界面。系统第 1 次重启时，拔出 U 盘，系统开始从硬盘中安装操作系统。

（3）检查系统。检查系统是否正常，右键选择"我的电脑|属性|硬件|设备管理器"命令，打开"设备管理器"对话框，如果在"设备管理器"选项中出现黄色问号（？）或叹号（！）的选项，表示设备未识别，没有安装驱动程序，右键选择"重新安装驱动程序"命令，放入相应的驱动程序光盘，选择"自动安装"，系统会自动识别对应驱动程序并安装完成。需要安装的驱动程序一般有主板、显卡、声卡、网卡等。

（4）安装系统补丁。操作系统推出一段时间后，微软公司会推出 SP（Service Package）修正包程序，SP 包主要解决计算机兼容性问题和安全问题。

（5）安装杀毒软件和防火墙软件。安装完 SP 包后，安装杀毒软件和防火墙软件，然后通过网络更新杀毒软件病毒库。

（6）安装应用软件。根据需要安装应用软件。

（7）克隆系统分区。重新启动计算机，运行 Windows PE 工具盘，利用其中的克隆软件（Ghost）对硬盘 C 盘分区进行镜像克隆，作为今后维修工作的备份文件。

4）操作系统的卸载

出于市场垄断的原因，Windows 操作系统的卸载非常不便。最简单的方法是利用可引导软件（如 Windows PE），启动后对安装操作系统的分区进行格式化操作。

2. 驱动程序安装与卸载

1）驱动程序的功能

驱动程序是操作系统与硬件设备之间进行通信的特殊程序。驱动程序相当于硬件设备的接口，操作系统只有通过这个接口，才能控制硬件设备的工作。如果硬件设备没有驱动程序的支持，那么性能强大的硬件就无法根据软件发出的指令进行工作，硬件就毫无用武之地。假设某个设备的驱动程序安装不正确，设备就不能发挥应有的功能和性能，情况严重时，甚至会导致计算机不能正常工作。

从理论上讲，所有的硬件设备都需要安装相应的驱动程序才能正常工作。但是像 CPU、内存、键盘、显示器等设备，不需要安装驱动程序也可以正常工作，而主板、显卡、声卡、网卡等设备则需要安装驱动程序，否则无法正常工作。因为 CPU 等设备对计算机来说是必需设备，因此在 BIOS 固件中直接提供了对这些设备的驱动支持。换句话说，CPU 等核心设备可以被 BIOS 识别并且支持，不再需要安装驱动程序。

2）驱动程序的不同版本

驱动程序有不同的版本，如官方版、微软 WHQL 认证版、第三方驱动程序等。

（1）官方正式版驱动程序。官方正式版驱动程序由硬件设备生产厂商设计研发，也称为公版驱动程序。硬件设备生产厂商都会针对自己硬件设备的特点开发开放专门的驱动程序，并采用光盘的形式在销售硬件设备的同时一并免费提供给用户，并且在设备生产厂商的官方网站上发布，提供用户免费下载。这些由设备厂商直接开发的驱动程序有较强的针对性，它的优点是能够最大限度地发挥硬件设备性能，而且有很好的稳定性和兼容性。

（2）微软 WHQL 认证版驱动程序。WHQL（Windows Hardware Quality Labs）是微软公司对硬件厂商提供的驱动程序进行的一个认证，目的是为了测试驱动程序与操作系统的兼容性和稳定性。也就是说，通过了 WHQL 认证的驱动程序与 Windows 系统基本上不存在兼容性问题。微软公司会在 Windows 操作系统安装光盘中，附带这些通过了 WHQL 认证的通用驱动程序。安装 Windows 操作系统时，系统会自动检测计算机中硬件设备的型号，并且为这些设备自动安装相应的驱动程序，这样用户就无须再单独安装驱动程序了。但是操作系统自带的驱动程序往往滞后于硬件设备的发展，因此操作系统附带的驱动程序并不能够完全支持所有硬件设备，而且 Windows 附带的驱动程序很难充分发挥硬件设备的性能，这时就需要手动安装驱动程序了。

（3）第三方驱动程序。为了方便用户和完成某些特殊功能，目前提供了许多第三方驱动程序。例如，驱动精灵就是一款第三方驱动程序，它具有通用驱动程序安装、备份、更新等功能，使用非常方便，减少了用户多方查找驱动程序的麻烦。

3）识别硬件设备型号

在安装驱动程序之前，必须先清楚哪些硬件设备需要安装驱动程序，哪些硬件设备不需要安装。而且需要知道硬件设备的型号，只有这样才能根据硬件设备型号来选择驱动程序，然后进行安装。假如安装的硬件驱动程序与硬件型号不一致，可能硬件设备无法使用，甚至使计算机无法正常运行。

（1）查看硬件设备说明书。通过查看硬件设备包装盒及说明书，一般都能够查找到相应的设备型号。这是一个既简单又快捷的方法。知道了硬件型号后，用户可以访问设备厂商或者专业驱动程序下载网站（如驱动之家），下载相应的驱动程序。

（2）通过第三方软件检测识别。当找不到设备用户说明书的情况下，可以采用第三方检测软件进行测试的方法来识别。这些设备检测软件有 CPU-Z、EVEREST 等，这些软件的功能非常强大。

（3）通过芯片识别。芯片厂商为用户提供了公版驱动程序，用户可以通过辨认芯片的型号，来查找和安装驱动程序。打开机箱，仔细观察相应的硬件芯片，如主板的型号一般印制在主板上，显卡、声卡、网卡的型号，则需要仔细观察相应芯片上的型号。然后根据芯片型号获取相应的公版驱动程序进行安装。

4）驱动程序的安装顺序

只有按照科学的顺序安装驱动程序，才能够充分发挥硬件设备的性能。驱动程序安装顺序的不同，可能导致计算机的性能不同、稳定性不同，甚至发生故障等。驱动程序的安装顺序如下。

（1）系统补丁程序。操作系统安装完成后，就应当安装系统补丁程序。系统补丁主要解决系统的兼容性问题和安全性问题，这可以避免出现系统与驱动程序的兼容性问题。

（2）主板驱动程序。主板驱动程序的主要功能是发挥芯片组的功能和性能。

（3）DirectX 程序。安装最新的 DirectX 程序能够为显卡提供更好的支持，使显卡设备达到最佳运行状态。如果用户不是大型游戏爱好者，这一步可以省略，因为操作系统安装的 DirectX 程序版本可以满足大部分用户的需求。

（4）板卡驱动程序。安装各种板卡驱动程序，主要包括网卡、声卡、显卡等。

（5）外设驱动程序。安装打印机、扫描仪、摄像头、无线网卡、无线路由器等设备的驱动程序。对于一些有特殊功能的键盘和鼠标，也需要安装相应的驱动程序才能获得这些功能。

5）设备驱动程序的安装方法

（1）直接安装。双击文件扩展名为.exe 的驱动程序执行文件进行安装。

（2）搜索安装。打开"设备管理器"，如果发现设备（如网卡）前面有个黄色的圆圈，里面还有个"！"，这表明网卡驱动程序没有安装，右击该设备，选择"更新驱动程序"命令进行安装。如果操作系统包括这个硬件设备的驱动程序，那么系统将自动为这个硬件设备安装驱动程序；如果操作系统没有支持这个硬件的驱动程序，就无法完成驱动程序的安装。

（3）指定安装。用户知道驱动程序存放在哪个目录时，用户可以利用"从列表或指定位置安装"功能进行安装，安装时，系统会要求用户指明驱动程序存放位置。

（4）通过 Windows 自动更新获取驱动程序并自动安装，这是一种最简单的方法。

6）驱动程序的卸载

一般驱动程序卸载的频率比较低，但也总是有需要卸载驱动程序的时候。例如，安装完驱动后，发现与硬件设备的驱动程序发生冲突，与系统不兼容，造成系统不稳定，或者需要升级到新驱动程序的时候，就需要卸载源驱动程序了。卸载的主要方法如下。

（1）利用"设备管理器"卸载。打开"设备管理器"，单击卸载设备（如网卡），然后对网卡右击，选择"卸载"命令。

（2）利用"控制面板"卸载。打开"控制面板"，进入"添加或删除程序"，找到相应设备的驱动程序，单击"更改或删除"命令。

（3）利用第三方软件卸载。利用 Windows 优化大师、完美卸载等工具软件卸载。

4.5.2　计算机系统文件的备份

文件备份是指将文件按一定策略存储，在原文件损坏或丢失时可以将备份的文件还原。

1. Windows XP 中的"备份"功能

在"运行"栏中输入"ntbackup"命令后回车，就可打开备份还原向导。备份与复制不同，备份是将一些文件全部压缩整理生成一个后缀名为 bkf 的文件，而复制是将文件原封不动地（文件大小、文件数量、文件类型等）存储到另一个地方。恢复文件就是将备份文件 bkf 还原成原有的文件类型（系统文件必须还原到原位置）。

2. Windows 7 中的"备份和还原"功能

Windows 7 附带了"备份和还原"功能，并对这项功能进行了改进。如果要在 Windows 7 中打开"备份和还原"功能，可以在搜索框中输入"Backup"，然后单击结果列表中的该项目。"备份和还原"功能简化了整个备份过程，借助提示，用户可以决定是备份特定文件还是整个硬盘。第一次创建备份时，可能需要一些时间，具体取决于需要备份项目的数量。此后备份会更快。完成第一次备份后，最好设置自动备份计划，这样无须提醒自己进行手动备份。

4.5.3　Ghost 备份与恢复

1. 克隆软件的功能

克隆是利用软件创建一个与全部硬盘或硬盘某个分区完全相同的单一镜像文件，这个镜像文件可以存储在硬盘、光盘、U 盘或网络中。有了镜像文件，用户可以很快恢复被损坏的系统。还可将镜像文件复制到多台计算机中，以节省安装新机器所需要的时间，这也是目前大部分计算机采用的系统安装方法。

克隆软件的功能类似于备份软件，它们的不同之处在于克隆技术运行在硬盘或硬盘分区的层面，而备份软件运行在文件系统层面；克隆软件是在操作系统没有运行的状态下进行备份（静态），而备份软件是在操作系统运行环境下的备份（动态）；备份软件必须在操作系统正常运行的状态下进行数据恢复，而克隆软件的数据还原与操作系统无关。

克隆软件创建的镜像文件包含硬盘或分区中的所有文件，不管这些文件的属性设置如何。例如，镜像文件包括 Windows 启动非常重要的所有隐藏文件和系统文件，以及主引导记录（MBR）。镜像文件包含硬盘的所有扇区参数，同时包含数据扇区。克隆软件不会复制空硬盘扇区，这样减小了镜像文件的大小；另外，克隆软件还提供了压缩数据的功能，这种技术能使镜像文件变得比原来的分区更小。

2. Ghost 克隆软件 DOS 版本

Ghost 是美国赛门铁克公司推出的一款克隆软件，它可以实现 FAT16、FAT32、NTFS、OS2、HPFS、UNIX、Novell 等文件存储格式。Ghost 还加入了对 Linux ex2 的支持（fifo 文件存储格式），这意味着 Linux 用户也可以用 Ghost 来备份系统。

Ghost 支持 TCP/IP 协议，因此可以利用网络进行多台计算机的同时克隆操作。

Ghost 有 DOS 和 Windows 两种版本，由于 DOS 的高稳定性，而且在 DOS 环境中备份 Windows 操作系统时，已经脱离了 Windows 环境，在备份 Windows 操作系统时，使用 DOS 版本的 Ghost 软件效果更好。

Ghost 可以将硬盘上的物理信息完整地进行复制，而不仅是复制数据文件。Ghost 将硬盘分区或全部硬盘文件直接克隆到一个扩展名为.gho 的文件（镜像文件）中。由于 Ghost 的克隆是按扇区进行复制，所以在操作时一定要小心，千万不要把目标盘（或分区）弄错了，如果将目标盘（或分区）的数据全部覆盖了，就很难恢复这些数据。在备份或还原时一定要注意目标硬盘或分区的选择是否正确。

3. Ghost 克隆软件 Windows 版本

Windows 下的 Ghost 全部抛弃了基于 DOS 环境的内核，用户直接在 Windows 环境下对系统分区进行热备份。它新增了增量备份功能，可以将磁盘上新近变更的信息添加到原有的备份镜像文件中，不必再反复执行整个硬盘的备份操作。它还可以在不启动 Windows 的情况下，通过光盘启动来完成分区的恢复操作。Windows 版本 Ghost 的最大优势在于：不仅能够识别 NTFS 分区，而且还能读写 NTFS 分区目录里的备份文件。

4. 分区镜像备份文件的制作

（1）进入 DOS 环境，运行 Ghost，选择主菜单"Local|Partition|To Image"命令，然后回车。

（2）出现选择本地硬盘窗口，回车。

（3）出现选择源分区窗口（源分区就是要制作成镜像文件的分区）。用上下光标键将蓝色光条定位到要制作镜像文件的分区上，按回车键确认。选择好源分区后，按 Tab 键，将光标定位到 OK 按钮上（此时 OK 按钮变为白色），回车。

（4）进入镜像文件存储目录，默认存储目录时 Ghost 文件所在的目录，在 File name 处输入镜像文件的文件名，也可带路径输入文件名（要保证输入的路径是存在的，否则会提示非法路径），例如，输入"H:\sysbak\win7"（H 是准备备份镜像文件的 U 盘盘符），表示将镜像文件 win7.gho 保存到 H:\sysbak 目录下，输好文件名后，再回车。

（5）接着出现"是否要压缩镜像文件"窗口，有 No（不压缩）、Fast（快速压缩）、High（高压缩比压缩）选项，压缩比越低，保存速度越快。一般选 Fast 即可，用向右光标方向键移动到 Fast 上，按回车键确定。

（6）接着又出现一个提示窗口，用光标方向键移动到 Yes 上，回车。

（7）Ghost 开始制作镜像文件。

（8）建立镜像文件成功后，会提示创建成功窗口，回车即可回到 Ghost 界面。

（9）再按 Q 键，回车后即可退出 Ghost。分区镜像文件制作完毕。

注意：备份盘的大小不能小于系统盘。

5. 从镜像备份文件还原分区

制作好镜像文件后，还可以在系统崩溃后还原。下面介绍镜像文件的还原。

（1）在 DOS 状态下，进入 Ghost 所在目录，输入"Ghost"后回车，即可运行 Ghost。

（2）出现 Ghost 主菜单后，用光标方向键选择"Local|Partition|From Image"命令，然后回车。

（3）出现镜像文件还原位置窗口，在 File name 处输入镜像文件完整路径及文件名。也可以用光标方向键，配合 Tab 键分别选择镜像文件所在路径，输入文件名，如"H:\sysbak\win7.gho"（H 是备份了镜像文件的 U 盘盘符），再回车。

（4）出现从镜像文件中选择源分区窗口，直接回车。

（5）又出现选择本地硬盘窗口，再回车。

（6）出现选择从硬盘选择目标分区窗口，用光标键选择目标分区（即要还原到哪个分区），回车。

（7）出现提问窗口，选 Yes，回车确认，Ghost 开始还原分区信息。

（8）很快就还原完毕，出现还原完毕窗口，选 Reset computer，回车重启计算机。这就完成了分区的恢复。

注意：选择目标分区时一定要注意选对，否则后果是目标分区原来的数据将全部消失。

6. 克隆需要注要的事项

（1）克隆 Windows 系统前，最好将一些无用的文件删除，以减小镜像文件的体积。如 C:\Windows\Temp\临时文件夹下的所有文件，并且清除 IE 临时文件夹，清空回收站等。

（2）将 Windows 的虚拟内存页面文件（如 Pagefile.sys）转移到其他分区，或在 DOS 状态下删除该文件，因为这个文件的大小是内存的 1.5 倍，会占用极大的存储空间。

（3）Windows 的休眠和系统还原功能也占用很大的硬盘空间。所以，应当关闭这些功能，可以在克隆结束后再打开这些功能。

（4）在克隆系统前，整理目标盘和源盘，以加快克隆速度。

（5）在克隆系统前及恢复系统前，最好检查一下目标盘和源盘，纠正磁盘错误。

（6）恢复系统时，应当检查要恢复的目标盘是否有重要的文件还未备份。

（7）新安装了软件和硬件后，最好重新制作镜像文件，否则在系统镜像文件还原后，新安装的软件不能使用。

4.5.4　Windows 操作系统还原

1. 系统还原的功能

Windows XP/Vista/7/8 等都具有"系统还原"功能。Windows 系统还原的目的是在不重新安装操作系统，也不破坏数据文件的前提下，使系统回到工作状态。"系统还原"可以恢复注册表、本地配置文件和 COM+数据库等环境。有时候，安装程序或驱动程序会对计算机造成变更，导致 Windows 不稳定，发生不正常的行为。用户可通过还原点，在不影响个人文件（如 Word 文件、电子邮件等）的情况下撤销计算机的系统变更。

用户不能指定要还原的内容，要么都还原，要么都不还原。"系统还原"大约需要 200MB 的可用硬盘空间，用来创建数据存储。如果没有 200MB 的可用空间，"系统还原"会一直保持禁用状态，当空间够用时，程序会自动启动。"系统还原"使用先进先出存储模式：在数据存储达到设定的时间值时，程序就会自动清除旧的存档，为新的存档腾出空间。系统还原在监控系统运行状态时，不会对系统性能造成明显影响。创建还原点是非常快速的过程，通常只需几秒钟。定期的系统状态检查（默认值为每 24 小时一次）也只在系统空闲时间进行，不会干扰用户程序的运行。

2. 创建系统还原点

创建系统还原点也就是建立一个还原位置，系统出现问题后，就可以把系统还原到创建还原点时的状态了。单击"开始|控制面板|系统还原"，打开系统

还原向导，选择"创建一个还原点"，然后单击"下一步"按钮，在还原点描述中填入还原点名（当然也可以用默认的日期作为名称），单击"创建"按钮即完成了还原点的创建。

3. 利用还原点恢复系统

当计算机由于各种原因出现异常错误或故障后，系统还原就派上用场了。选择主菜单"开始|程序|附件|系统工具|系统还原"命令，选择"恢复我的电脑到一个较早的时间"，然后单击"下一步"按钮选择还原点，选中想还原的还原点，单击"下一步"按钮开始进行系统还原，这个过程中系统会重启。

4. 系统崩溃的还原

如果无法以正常模式运行 Windows 进行系统还原，就通过安全模式进入操作系统来进行还原，还原方式与以正常模式中使用的方法一样。如果系统已经崩溃连安全模式也无法进入，但能进入带命令行提示的安全模式，就可以在命令行提示符后面输入并回车，这样也可打开系统还原操作界面来进行系统还原。

5. 快速启动系统还原的方法

进入 C:\Windows\system32\Restore 目录，右击 rstrui 文件（系统还原的后台程序），选择"发送到|桌面快捷方式"命令，以后只须双击该快捷方式可快速启动系统还原。或者在命令行提示符或"运行"框中输入"rstrui"后回车，也可以达到同样的效果。

4.5.5　系统性能的优化

计算机性能优化是一个太大的概念，删除一个无效的注册表项目是优化，对整个计算机的软件和硬件系统进行调整配置也是优化。计算机软件方面的优化涉及 BIOS 参数优化、驱动程序优化、系统注册表优化、删除垃圾文件、减少常驻内存程序、关闭多余的系统服务、整理磁盘碎片、改变系统设置参数等操作。目前还没有哪一个软件具有如此全面和强大的功能。

1. 优化 Windows 系统运行速度的办法

（1）关闭自动更新。这个办法对提高速度效果非常明显，因为即使计算机没有连接网络，自动更新也会一遍一遍地检查。它占了很多的内存空间。即使更新完成了，也会定时检查更新。所以，影响计算机速度也是很明显的。

（2）关闭 Windows 防火墙。如果安装了专业杀毒软件和防火墙，那么把 Windows 中防火墙关闭，在一台机器中没有必要安装两种防火墙，这会影响计算机速度。

（3）关闭"Internet 时间同步"功能。"Internet 时间同步"是使计算机时钟每周与 Internet 时间服务器进行一次同步，这样系统时间就是精确的。对大多数用户来说，这个功能用处不大，所以建议把它关掉。

（4）关闭"系统还原"。在计算机运行一段时间后，如果计算机运行效果良好，这时先建立一个"还原点"然后关掉"系统还原"，记住这个日期，以后系统出现故障时，作为还原日期。

（5）关闭"远程桌面"功能。这个功能是可以让别人在另一台机器上访问用户的桌面，用户也可以访问其他的机器。对普通用户来说这个功能显得多余，可以关闭它。什么时候用，什么时候再打开就可以了。

（6）关闭"自动发送错误"功能。一个程序异常终止后，系统会自动弹出一个对话框，询问用户是否将错误发送给微软公司。这样的功能对微软公司有用，对于计算机用户除了浪费时间以外，没有任何用处，应该关闭。

2. 减少常驻内存程序

常驻内存程序是在开机时自动加载的程序，这些常驻内存程序不但会降低计算机速度，而且会消耗计算机资源。如果希望取消这些开机运行的常驻内存程序，在"运行"栏中输入"msconfig"后回车，然后选择"启动"选项栏，这个栏目中的项目都是开机自动运行的用户应用程序，这些程序全部不是Windows系统程序，原则上可以全部禁用。但是可以根据用户需要进行删除。例如，QQ等可以禁用，而杀毒程序、防火墙程序可以保留，这样就会大大减少启动时加载的常驻内存程序。

3. 计算机系统中垃圾文件

（1）软件安装过程中产生的临时文件。许多软件在安装时，首先要把自身的安装文件解压缩到一个临时目录（一般为 C:\Windows\Temp 目录），然后再进行安装。如果软件设计有疏忽或者系统有问题，当安装结束后，这些临时文件就会留在原目录中，没有被删除，成为垃圾文件。例如，Windows系统在自动更新过程中，会将自动从网络下载的更新文件保存在 C:\Windows 目录中，文件以隐藏子目录方式保存，子目录名以"$"开头。这些文件在系统更新后就没有作用了，因此可以删除。

（2）软件运行过程中产生的临时文件。软件运行过程中，通常会产生一些临时交换文件，例如，一些程序工作时产生的*.old、*.bak 等备份文件，杀毒软件检查时生成的备份文件，做磁盘检查时产生的文件（*.chk），软件运行的临时文件（*.tmp），日志文件（*.log），临时帮助文件（*.gid）等。特别是 IE 浏览器的临时文件夹 Temporary Internet Files，其中包含临时缓存文件、历史记录、Cookie 等，这些临时文件不但占用了宝贵的硬盘空间，还会将个人隐私公之于众，严重时还会使系统运行速度缓慢。

（3）软件卸载后遗留的文件。由于 Windows 的多数软件都使用了动态链接库（DLL），也有一些软件的设计还不成熟，导致了很多软件被卸载后，经常会在硬盘中留下一些文件夹、*.dll 文件、*.hlp 文件和注册表键值以及形形色色的垃圾文件。

（4）多余的帮助文件。Windows 和应用软件都会自带一些帮助文件（*.hlp，*.pdf 等）、教程文件（*.hlp 等）等；应用软件也会安装一些多余的字体文件，尤其是一些中文字体文件，不仅占用空间甚大，更会严重影响系统的运行速度；另外，"系统还原"文件夹也占用了大量的硬盘空间。

4. 垃圾文件的清除

（1）清除系统文件的权限。Windows 7 下的文件删除与 Windows XP 有很大的区别，Windows 7 有权限问题，一些关系到系统的文件必须具有管理员权限才可以操作，所以在删除文件前，必须以系统管理员账号登录系统。

（2）利用 Windows 优化大师软件清理。可以利用 Windows 优化大师、360 安全卫士等软件，对垃圾文件进行清除。

（3）手动删除。可以手工删除 C:\Windows 目录下的*.help 文件；删除 C:\Windows\temp 文件夹下面的所有文件；删除一些卸载了的程序，但是没有全部卸载子目录的软件。

4.5.6　系统安全与防护

信息安全一直是计算机专家努力追求的目标，目前计算机在理论上还无法消除计算机病毒的破坏和防止黑客的攻击，最好的方法是尽量减少这些攻击对系统造成的破坏。

1. 计算机病毒

我国颁布实施的《中华人民共和国计算机信息系统安全保护条例》第二十八条中明确指出："计算机病毒是指编制或者在计算机程序中插入的破坏计算机功能或者破坏数据，影响计算机使用并且能够自我复制的一组计算机指令或者程序代码。"

计算机病毒（以下简称病毒）具有传染性、隐蔽性、破坏性、未经授权性等特点，最大的特点是具有"传染性"。病毒可以侵入到计算机的软件系统中，而每个受感染的程序又可能成为一个新的病毒，继续将病毒传染给其他程序，因此传染性成为判定一个程序是否为病毒的首要条件。

2. 防病毒与杀毒软件

提高系统的安全性是防病毒的一个重要方面，但完美的系统是不存在的，过于强调提高系统的安全性将使系统多数时间用于病毒检查，使得系统失去了可用性、实用性和易用性；另外，信息保密的要求让人们在泄密和抓住病毒之间无法选择。

很多计算机系统常用口令来控制对系统资源的访问，这是防病毒进程中，最容易和最经济的方法之一。另外，安装杀毒软件并定期更新也是预防病毒的重中之重。

对如何预防计算机病毒的知识要点做以下总结。

（1）注意对系统文件、重要可执行文件和数据进行写保护。

（2）不使用来历不明的程序或程序。

（3）不轻易打开来历不明的电子邮件。

（4）使用新的计算机系统或软件时，要先查毒后使用。

（5）备份系统和参数，建立系统的应急计划等。

360 杀毒软件是一款反病毒、反间谍软件、反钓鱼欺骗、隐私保护等功能于一体的免费安全工具，具有以下优点：查杀率高、资源占用少、升级迅速等。同时，360 杀毒软件可以与其他杀毒软件共存，是一个理想杀毒备选方案。

3. 恶意软件

恶意软件是指在未明确提示用户或未经用户许可的情况下，在用户计算机或其他终端上安装运行，侵害用户合法权益的软件，但不包含我国法律法规规定的计算机病毒。

1）恶意软件的常见特征

具有下列特征之一的软件可以认为是恶意软件：

（1）强制安装。未明确提示用户或未经用户许可，在用户计算机上安装软件的行为。

（2）难以卸载。未提供用户的卸载方式，或卸载后仍然有活动程序的行为。

（3）浏览器劫持。未经用户许可，修改用户浏览器的相关设置，迫使用户访问特定网站，或导致用户无法正常上网的行为。

（4）广告弹出。未经用户许可，利用安装在用户计算机上的软件弹出广告的行为。

（5）垃圾邮件。未经用户同意，用于某些产品广告的电子邮件。

（6）恶意收集用户信息。未提示用户或未经用户许可，收集用户信息的行为。

（7）其他侵害用户软件安装、使用和卸载知情权、选择权的恶意行为。

2）恶意软件的清除

由于大部分恶意软件嵌入了木马程序，因此可以利用工具软件对恶意软件进行清除。360 安全卫士具有强大的恶意软件查杀功能，可以保证计算机不受恶意软件侵害。同时也可为系统生成详尽的诊断报告，使用户了解系统的安全状况。

4. 黑客攻击

黑客攻击可分为非破坏性攻击和破坏性攻击两类。非破坏性攻击一般是为了扰乱系统的运行，并不盗窃系统资料，通常采用拒绝服务攻击或信息炸弹；

破坏性攻击是以侵入他人计算机系统、盗窃系统保密信息、破坏目标系统的数据为目的。

1）黑客攻击的形式

美国国家安全局（NSA）制定的 IATF（信息保障技术框架）标准认为，有 5 类攻击形式：被动攻击、主动攻击、物理临近攻击、内部人员攻击和分发攻击。

（1）被动攻击是指对信息的保密性进行攻击，包括分析通信流，监视没有保护的通信，破解弱加密通信，获取口令等。被动攻击会造成在没有得到用户同意或告知的情况下，将用户信息或文件泄露给攻击者，如泄露个人信用卡号码等。

（2）主动攻击是指篡改信息来源的真实性，信息传输的完整性和系统服务的可用性。包括试图阻断或攻破安全保护机制，引入恶意代码，偷窃或篡改信息等。主动攻击会造成数据资料的泄露、篡改和传播，或导致拒绝服务。

（3）物理临近攻击指未被授权的个人，在物理意义上接近网络系统或设备，试图改变和收集信息，或拒绝他人对信息的访问。如未授权使用计算机，复制 U 盘数据，电磁信号截获后的屏幕还原等。

（4）内部人员攻击。可分为恶意攻击或无恶意攻击。前者是指内部人员对信息的恶意破坏或不当使用，或使他人的访问遭到拒绝；后者指由于粗心、无知以及其他非恶意的原因造成的破坏。

（5）分发攻击。指在工厂生产或分销过程中，对硬件和软件进行恶意修改。这种攻击可能是在产品中引入恶意代码，如手机中的后门程序等。

2）黑客攻击网络的一般过程

（1）信息的收集。信息的收集并不对目标产生危害，只是为进一步入侵提供有用信息。黑客会利用公开的协议或工具软件，收集网络中某个主机系统的相关信息。

（2）系统安全弱点的探测。黑客收集到一些准备要攻击目标的信息后，就会利用工具软件，对整个网络或子网进行扫描，寻找主机的安全漏洞。

（3）建立模拟环境，进行模拟攻击。根据前面所得到的信息，黑客建立一个类似攻击对象的模拟环境，然后对此模拟目标进行一系列的攻击。并且检查被攻击方的日志，观察检测工具对攻击的反应，了解攻击过程中留下的"痕迹"，以及被攻击方的状态等，以此来指定一个较为周密的攻击策略。

（4）具体实施网络攻击。在进行模拟攻击的实践后，黑客将等待时机，以备实施真正的网络攻击。

5. 文件加密与解密

计算机安全主要包括系统安全和数据安全两个方面。系统安全一般采用防火墙、防计算机病毒软件等措施。数据安全主要采用密码技术对文件进行保护，如文件加密、数字签名、身份认证等技术。

加密技术的基本思想是伪装信息，使信息非法获取者无法理解其中的含义。伪装就是对信息进行一组可逆的数学变换（加密算法），伪装前的原始信息称为明文，伪装后的信息称为密文，伪装的过程称为加密，只被通信双方掌握的关键信息称为密钥。

借助加密手段，信息以密文的方式存储在计算机中，或通过计算机网络进行传输，即使发生非法截取数据，或系统故障和操作人员误操作而造成数据泄露，未授权者也不能理解数据的真正含义，从而达到信息保密的目的。

密钥与密文的破译办法：在用户看来，密码学中的密钥，十分类似于银行自动取款机的口令，只要输入正确的口令，系统将允许用户进一步使用，否则就被拒之门外。口令的长度通常用数字或字母为单位来计算，密码学中的密钥长度往往以二进制数的位数来衡量。正如不同系统使用不同长度的口令一样，不同加密系统也使用不同长度的密钥。一般来说，在条件相同的情况下，密钥越长，破译越困难，加密系统就越可靠。从窃取者角度来看，主要有 3 种破译密码获取明文的方法：密钥的穷尽搜索、密码分析、其他密码破译方法。

（1）密钥的穷尽搜索。破译密文最简单的方法，就是尝试所有可能的密钥组合。虽然大多数的尝试都是失败的，但最终总会有一个密钥让破译者得到原文，这个过程称为密钥的穷尽搜索。密钥的穷尽搜索效率很低，甚至有时达到不可行的程度。例如，PGP 加密算法使用 128 位的密钥，因此密钥存在 $2^{128}=3.4\times10^{38}$ 种可能性。即使破译的计算机能巧妙尝试 1 亿把密钥，每天 24 小时不停计算，可能需要 10^{14} 年才能完成密钥破解。

（2）密码分析。在不知道密钥的情况下，利用数学方法也可以破译密文或找到密钥。常见的密码分析方法如下：一是已知明文的破译方法，密码分析员如果掌握了一段明文和对应的密文，就可以从中发现加密的密钥；二是选定明文的破译方法，密码分析员设法让对手加密一段分析员选定的明文，并获得加密后的结果，目的是确定加密的密钥。

（3）其他密码破译方法。在实际工作中，黑客更可能针对人机系统的弱点进行攻击，而不是攻击加密算法本身。例如，黑客可以欺骗用户，套出密钥；在用户输入密钥时，应用各种技术手段"偷窥"密钥；从用户工作和生活环境的其他方面获得未加密的保密信息（如"垃圾分析"）；让通信的另一方透漏密钥或信息；胁迫用户交出密钥等。

常用加密办法：

（1）隐藏文件夹。在 Windows 系统中，选中需要隐藏的文件，右键单击选择"属性"命令，打开"属性"窗口，勾选"隐藏"选项，单击"确定"按钮，完成此文件的隐藏。

（2）压缩文件设置解压密码。利用 WinRAR 对关键文件进行打包压缩，并且对以上文件设置解压密码，然后将文件删除。

（3）加密软件。目前网络中有各种加密软件，各有优点和缺点。例如，"隐身侠"加密软件，具有永久免费，支持各种 Windows 系统，可以在硬盘、U 盘等创建保密空间，使用方便等优点。利用加密软件保护计算机中重要的用户私密文件，能防止计算机因维修、丢失、被黑客窃取所带来的信息泄露或信息丢失的风险。

第 5 章 注册表维护技术

注册表位于 Windows 操作系统的内核，集中存储 Windows 系统本身及在系统下安装应用程序所需的系统数据，直接控制着 Windows 的启动、硬件驱动程序的装载以及一些 Windows 应用程序的运行，在整个 Windows 系统中发挥着举足轻重的作用。

本章主要介绍 Windows 操作系统中注册表的基本知识、结构及维护和管理，并对维护和管理注册表的常用工具和方法进行介绍。

5.1 注册表概念

1．什么是注册表

注册表是 Windows 操作系统的一个数据库，被称为 Windows 操作系统的心脏，其中存放了大量参数，包含应用程序和系统的配置、系统和应用程序的初始化信息。它具有方便管理、安全性较高、适于网络操作等特点，正确合理地运行注册表可以设置出高性能、个性化的系统，并为计算机提供全面服务。

2．注册表的特点

1）二进制登录形式

注册表采用二进制形式登录数据，比采用文本形式登录数据的形式更加简单可靠。

2）支持子关键字

注册表支持子关键字，各级子关键字都有自身的键值，与支持节以及节中的参数相比更加可靠方便。

3．注册表的功能

（1）提高系统性能。通过修改注册表中的键值可以优化注册表，达到提高系统性能的目的。如优化开/关机速度、优化系统设置和自动删除无用文件等。

（2）增加系统安全性。注册表中的某些键值项能影响系统的安全性，通过修改这些键值项，可提高 Windows 操作系统的安全系数。如禁止其他用户访问"我的电脑"、禁用控制面板以及禁止运行安装程序等。

（3）设置个性化系统。通过修改注册表的设置可以将系统默认的方式改变为用户特定的方式，具有个性色彩。如可以自定义 IE 浏览器的皮肤、开机欢迎信息和提示信息等。

（4）解决常见故障。由于采用了注册表，Windows 操作系统的可靠性提高，但也正因为太依赖注册表，经常会出现因注册表设置错误或损坏导致系统或程序非正常运行的情况。出现这些故障问题时，只要熟练掌握注册表的使用，便可以轻松地解决。

（5）便于网络管理。注册表的树状分支结果，使得系统的所有.ini 文件能被有序管理，也便于网络管理员使用管理工具进行本地或远程配置与管理。

4．注册表的工作原理

用户安装 Windows 操作系统时，首先启动安装程序扫描计算机系统的配置，将扫描结果保存在一个容器中，该容器就是注册表，同时会在操作系统所在的分区根目录下生成 System.lst 文件。在注册表中，存储了驱动程序的位置、版本等硬件相关信息，这使操作系统能通过安装的驱动程序对硬件设备进行控制，同样当启动一个应用程序时，会调用注册表中与该应用程序相关的设置。因此，操作系统能依靠注册表对硬件和应用程序进行管理。

5.2　注册表的结构

Windows 操作系统的版本不同，其注册表的组成文件也不同，但其逻辑结构不会改变。下面以 Windows 7 为例，分别对注册表文件的保存位置和注册表的逻辑结构进行介绍。

5.2.1　注册表文件的保存位置

Windows 操作系统的注册表文件包括系统文件和用户文件。

系统文件指系统配置和用户配置数据，其保存在操作系统所在磁盘的 Windows\System32\config 文件夹目录中，主要包括 BCD-Template、COMPONENTS、DEFAULT、SAM、SECURITY、SOFTWARE 和 SYSTEM 等。

用户文件是指用户的配置信息，其信息存放在系统所在磁盘的 Users 文件夹中，系统中显示为用户。

5.2.2　注册表的逻辑结构

在注册表编辑器中，使用树形结构的方式来组织和管理数据信息，这种方式与 Windows 操作系统中的资源管理器相似，如图 5-1 所示。其中数据信息由 4 部分组成：根键、子键、键值项及键值，并且各部分是包含与被包含的关系，即根键下包含若干子键，每个子键下还可包含若干子键；每个子键中又包含若干键值项，每个键值项有唯一的键值，且这个键值是可以修改的。

注册表编辑器的具体操作步骤如下。

（1）单击根键左侧的小加号展开根键，逐级展开其下的各级子键。

（2）选择某子键，在右侧窗格中将出现该子键的键值项。

（3）双击其中一个键值项打开编辑对话框，在当前编辑对话框中显示键值的相关设置。

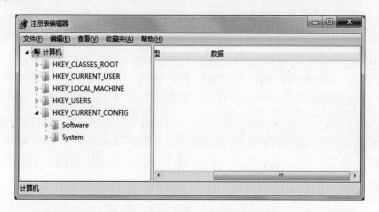

图 5-1　Windows 7 注册表编辑器

5.2.3　注册表的根键和子键

注册表用二进制数据库保存系统信息、硬件信息、应用程序运行所需要的大部分信息，是 Windows 系统的信息交换中心。每次启动时，Windows 系统根据上次关机时保留的信息文件，重新登录注册表，刷新数据项。注册表中的数据通过树形目录结构组织在一起，以根键和子键的方式管理数据，其结构与资源管理器的目录结构相似。下面分别进行介绍。

1. 注册表的根键

在注册表编辑器窗口中可以观察到 Windows 7 注册表的逻辑结构。在左窗格中显示了注册表的树形层次结构，其中"我的电脑"相当于树根，直接从属于树根的是"根键"。Windows 7 注册表根键由 5 部分组成：HKEY_CLASSES_ROOT、HKEY_CURRENT_USER、HKEY_LOCAL_MACHINE、HKEY_USERS 和 HKEY_CURRENT_CONFIG，根键之间的数据内容并不是各自独立的，二者有一定的包含关系。下面将介绍 5 大根键的作用，方便用户进行查找和修改。

1）HKEY_CLASSES_ROOT

该根键存储了操作系统中所有的应用程序格式文件类型，其子键包括已注册的各类文件的扩展名（如.asf 等）以及各类文件类型的相关信息（如打开程序的图标等），如图 5-2 所示。该根键中的数据包括文件类型、文件扩展名和文件图标等，以及安装操作系统时的约定注册和因安装软件更新的各种文件类型及关联程序。应确保该根键下的子键设置正确，才能保证使用正确的应用程序打开对应类型的文件。

图 5-2　HKEY_CLASSES_ROOT 界面

例如，当用户双击一个文档时，系统可以通过这些信息启动相应的应用程序。当前计算机的 docx 格式文件的默认打开程序是 WPS（WPS.Docx.6），如图 5-3 所示。

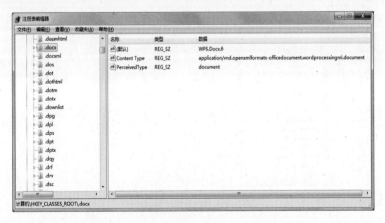

图 5-3　HKEY_CLASSES_ROOT 示例 1

还可以在注册表中修改文件的默认图标，如修改 Excel 文件的默认图标：定位到 HKEY_CLASSES_ROOT\Excel.Sheet.12\DefaultIcon，在键值窗口中的"默认"键值上双击，将 C:\Windows\Installer\{90140000-0011-0000-0000-

0000000FF1CE}\xlicons.exe,1 中的 1 修改为"2",Excel 文件图标就修改为系统提供的第二个图标，如图 5-4 所示。

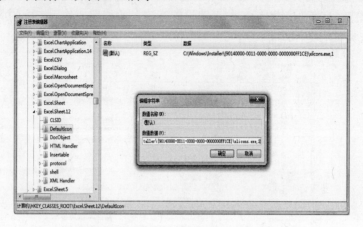

图 5-4   HKEY_CLASSES_ROOT 示例 2

2）HKEY_CURRENT_USER

该根键中存储默认用户与当前登录用户的所有配置信息，包括用户登录名、登录密码、登录权限和预配置信息等，不同用户对计算机的不同个性设置都将在这里体现，如图 5-5 所示。此根键下有很多表示用户的子健，居首位的.DEFAULT（默认用户）子键是针对新建用户的配置信息，包括屏幕、声音、工作环境等。系统先读取.DEFAULT 分支中的数据，再创建用户专用配置信息。

图 5-5   HKEY_CURRENT_USER 界面

3）HKEY_LOCAL_MACHINE

该根键中存放的是系统的全部软、硬件配置信息，根键下的子键信息随系统的软、硬件配置变化而变化。包含了启动系统和运行各种软件的相关信息，在执行这些操作的过程中，将根据不同的标识符号来寻找配置。因此，确保该根键的各子键内容正确才能使系统正常工作。由于这些设置是针对那些使用Windows 系统的用户而设置的，是一个公共配置信息，所以它与具体用户无关。其界面如图 5-6 所示。

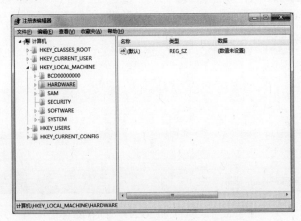

图 5-6　HKEY_LOCAL_MACHINE 界面

4）HKEY_USERS

该根键的内容是当前用户的信息，包括登录的名字、用户密码以及在系统中安装的软件信息。当用户登时系统对用户的 SID（安全身份号码）与注册表中的 SID 进行比较，比较结果如果一致，则装载用户的配置，否则将使用HKEY_USERS\DEFAULT 下的配置。其中大部分的子键都可通过控制面板来进行设置。其界面如图 5-7 所示。

图 5-7　HKEY_USERS 界面

5）HKEY_CURRENT_CONFIG

该根键存储了计算机的硬件配置数据，如显示器、打印机等外设及其设置信息等。其界面如图 5-8 所示。

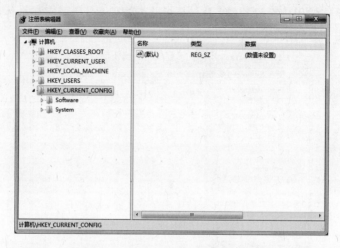

图 5-8　HKEY_CURRENT_CONFIG 界面

2. 注册表的子键

操作注册表时通常先展开根键，再在其子键中进行查看。注册表的子键很多，下面分别对几种常用的子键进行介绍。

1）记录当前用户信息的子键

HKEY_USERS\根键下的子键记录了当前登录系统的用户的相关信息，这些信息存储在 Win.ini（C:\Windows\Win.ini）文件中。当用户登录时，其安全身份号码（SID）与注册表中的 SID 进行对比。如系统能识别用户登录的 SID，则装载知道用户的配置数据，否则系统将使用在"HKEY_USERS\DEFAULT"子键下的配置信息。

2）设置软件信息的子键

"HKEY_LOCAL_MACHINE\SOFTWARE\Microsoft\"下的一些子键与软件信息相关，如 AudioCompressionManager 子键用于存储音频压缩信息；Command Processer 子键用于存储与 cmd.exe 的首选项相关的信息；Office 子键用于存储 Microsoft Office 套件的相关设置信息。

3）存储所有类标识的子键

"HKEY_CLASSES_ROOT\CLSID\"下的子键用于存储系统中的所有类标识（CLSID），每个类标识对应唯一一个 com 对象。

4）存储硬件设置参数的子键

"HKEY_LOCAL_MACHINE\SYSTEM\CurrentControlSet\Control\"下的子

键用于存储 Windows 操作系统硬件相关的设置参数，是非常重要的子键。其中的内容错误或损坏将导致系统不能启动。因此，必须谨慎修改此子键下的键值。

5）存储系统重要参数的子键

"HKEY_LOCAL_MACHINE\SOFTWARE\Microsoft\Windows\CurrentVersion\"下的子键存储 Windows 操作系统的一些重要参数，例如，App Paths 子键用于存储已安装程序的路径；Control Panel 子键用于存储控制面板中的部分参数；Explorer 子键用于存储资源管理器中的参数。

6）存储接口标识的子键

"HKEY_CLASSES_ROOT\Interface"下的子键用于存储系统中的接口标识（IID），每个标识对应于系统中的唯一接口。

3. 注册表的键值

键值是注册表中根键和子键要达到控制对象所需具备的参数项，键值前的图标样式代表了该键值的类型。

Windows 注册表的键值类型主要有：可扩充字符串值（REG_EXPAND_SZ）、二进制值（REG_BINARY）、记录 DWORD 值（REG_DWORD）、多字符串值（REG_MULTI_SZ）和字符串值（REG_SZ）等。

1）可扩充字符串值（REG_EXPAND_SZ）

由长度可变的字符串组成，这种数据类型包括程序或服务使用该数据时解析的变量。

2）二进制值（REG_BINARY）

注册表中的二进制是没有长度限制的，可以是任意字节的长度。在注册表编辑器中，二进制数据以十六进制的方式显示。

3）记录 DWORD 值（REG_DWORD）

DWORD 值是一个 32 位长度或 64 位长度的数值，在注册表中通常以"0x"作为前缀，以十六进制的方式显示。

4）多字符串值（REG_MULTI_SZ）

多字符串值由多个字符串组成，各字符串之间用空格、逗号分开。

5）字符串值（REG_SZ）

字符串值用于描述文件的信息、硬件的标识名称等，是默认键值项的数据类型。通常由字母和数字组成，最大长度不能超过 255 个字符。

每个主键或键值都有其路径，在注册表编辑器窗口底部状态栏中显示的就是当前主键的路径。

4. 注册表的键值的含义

为更好地编辑注册表，了解注册表键值的含义是有必要的。掌握了注册表键值的含义，就可以更准确地设置键值。

1）长字符串的含义

在注册表中常会见到一些名字由很长一串字符组成的子键，这些子键字符是全局唯一标识符（GUID）和类标识符（CLSID），是一个 128 位的数字（即 16 个字节的长度），主要用于唯一标识应用与文件类型等。CLSID 是由 Microsoft 统一分配给自己的软件产品和各软件商的产品，因此，每个 CLSID 都是唯一的，不会发生混乱。

2）%1、%2、%3、%4 的含义

在注册表中还有一些键值有%1、%2、%3 及%4 等参数，其中%1 代表文件本身，%2 代表默认打印机，%3 代表驱动器，%4 代表端口。例如，HKEY_CLASSES_ROOT\txtfile\shell\open\command 下 的 默 认 项 的 值%SystemRoot%\system32\NOTEPAD.EXE %1，其界面如图 5-9 所示，即表示默认使用 notepad.exe 程序打开。如果去掉%1，则打开的是空白的记事本，相当于打开一个新建的 txt 文件。

图 5-9　编辑字符串界面

3）设置系统软件的相关信息的子键

在修改一些键值项的键值时，常常将其设置为"0"或"1"，这里的"0"表示禁用该键值项代表的功能，"1"表示启用该键值项代表的功能。这类键值项的数据类型一般都为 DWORD 值。如将键值项"FullScreen"（全屏）的键值设置为"1"，表示启用该功能，即允许全屏显示。相反，若设置其键值为"0"，则表示不启用该功能，即不能全屏显示。

5.3　备份和恢复注册表

用户在对注册表进行管理的过程中，避免不了要对注册表进行编辑更改，由于在注册表中进行的某些更改具有不可撤销和不可恢复的特性，所以错误的设置往往无法挽回。此外，很多外界因素也会造成注册表的损坏，甚至导致系统的崩溃。此时，就需要对注册表进行备份，当注册表出现异常时，还可通过备份的正确注册表对其进行恢复。

5.3.1　注册表被破坏的表现及原因

当注册表中的重要键值遭到破坏后，系统即会出现一些状况，如系统异常或系统崩溃等。下面将对常见的注册表被破坏后的表现和原因进行介绍。

1. 注册表被破坏的常见表现

注册表是 Windows 操作系统的核心数据库，其中各键值关系着系统中硬件与软件的使用。在日常使用计算机的过程中，随着软、硬件的不断增加和病毒的日益猖獗，注册表的安全受着来自各方的威胁。一般来说，注册表被破坏后，主要表现为以下几个方面：

（1）"打开"菜单中的某些命令或控制面板丢失，或显示为不可用。

（2）打开应用程序时出现类似于"找不到服务器上的嵌入对象"或"找不到 OLE 软件"的提示信息。

（3）原本一直能正常工作的硬件设备突然不能正常工作，或在"设备管理器"列表中看不到某些设备的选项。

（4）"资源管理器"窗口中出现没有图标的文件夹和文件，或者图标显示异常。

（5）打开某些应用程序时，出现诸如找不到 xxx.dll、程序部分丢失或不能定位等出错提示信息。

（6）当打开某个以前能正常打开的文档时，系统弹出"找不到应用程序打开这种类型的文档"提示信息。

（7）打开提示对话框，显示"注册表损坏"的信息。

（8）操作系统无法正常启动，只能以安全模式或 MS-DOS 模式启动。

2. 注册表被破坏的原因

造成注册表损坏的原因较多，其中常见的有硬件原因、软件原因、病毒原因以及人为原因 4 种情况。下面对这些原因进行详细分析，并对这些原因提供一些有用的预防对策。

1）硬件原因

由硬件造成注册表损坏的情况，通常与硬件的质量有着直接关系。由硬件引起注册表出错归纳起来有以下几种情况：

（1）CPU 出错。超频状态下的 CPU 工作不是很稳定，如果其散热性不是很好，就很容易造成注册表损坏。另外，主板质量也是 CPU 出错的重要原因之一。

（2）硬盘出错。Windows 操作系统的注册表是以文件的形式存储在硬盘中的，如果硬盘在读写过程中出现错误，注册表就很有可能遭到破坏。

（3）内存出错。计算机要处理的信息会调入内存，处理注册表信息也不例外。在对数据的快速读写过程中，若内存工作不稳定，势必会对注册表造成损坏。

（4）其他硬件出错。计算机系统由各种不同硬件组成，而所有的硬件在注册表中都备有相应的信息。目前为了扩展计算机的功能，各种类型的外部设备都被连接到了计算机中，如果其中某个硬件设备出现故障，也会对注册表的相应内容造成损坏。

2）软件原因

软件是用户使用计算机时必不可少的一部分，品种繁多的软件为计算机增加了丰富的功能，但频繁地安装/卸载软件和驱动程序，也是造成注册表损坏的重要原因之一。出错原因大致包括以下两个方面：

（1）驱动程序出错。硬件要正常工作，必须安装相应的驱动程序，但如果安装的驱动程序与系统中其他硬件的驱动程序不兼容或者安装了错误的驱动程序，就有可能破坏注册表，进而使得对应的硬件工作不正常。

（2）应用程序出错。使用计算机时经常会安装不同的程序，而程序在安装过程中都会对注册表进行或多或少的修改，这些修改都有可能损坏注册表。

3）病毒原因

众所周知，病毒对计算机系统的破坏力是相当强的，特别是一些专门针对注册表的病毒。一旦感染上，它们将迅速破坏注册表，从而导致整个系统的崩溃。预防病毒造成注册表的损坏，需要安装一款功能强大的杀毒软件，并进行查杀病毒，定期升级病毒库，最好能打开病毒的实时监控程序以防止病毒侵入计算机系统。另外，用户在使用计算机的过程中，也应注意尽量不打开一些非法网站，不使用非法软件。

4）人为原因

人为原因主要是指用户在修改注册表时，由于不清楚注册表结构和所修改键值的具体含义而进行了盲目的改动，从而造成注册表的损坏。要防止人为原因造成的注册表损坏，最重要的是在修改注册表之前，应明确所要修改的内容和目的，避免盲目地修改注册表。此外，还需定期对注册表进行备份，这样即使注册表被损坏了，也可使用备份的注册表文件进行恢复，尽快尽量地减少损失。

5.3.2 备份注册表

为了防止注册表损坏造成系统故障，或带来其他安全隐患，应该在注册表没有出现问题前对其进行备份。这样在注册表出现问题时，就可以及时恢复注册表以避免系统发生更严重的错误。备份注册表的方法很多，具体如下。

1. 使用注册表编辑器备份注册表

使用注册表编辑器 Regedit，可以将整个或部分注册表文件导出一个扩展名为.reg 的文本文件，该文件包含了导出部分注册表的全部内容，其中包括了子键、键值项与键值的信息。

2. 使用系统自带工具备份

在 Windows 操作系统中，还可以使用系统自带的工具创建还原点，当注册表被破坏后，即可使用创建的还原点进行还原，该方法不仅可以还原注册表，还可将操作系统进行还原。

3. 使用其他工具备份

要进行注册表的备份，其实最简单的方法就是通过软件实现，如 Windows 优化大师等。

5.3.3　恢复注册表

备份注册表后，当用户因为误操作损坏了注册表，或因感染病毒使注册表信息发生改变后，可使用备份的注册表文件进行恢复，或直接将系统还原到正常的状态。常见的还原注册表方法如下。

1. 使用注册表编辑器恢复注册表

注册表编辑不仅可以备份注册表，还具有恢复注册表的功能。当注册表已被损坏，不知道应该修改哪里的数据时，可以进入 Windows 系统，使用已经备份的注册表文件通过"导入"的方法进行恢复。

2. 使用还原点还原注册表

若在计算机系统中创建了还原点，用户可使用还原点轻松还原注册表。

3. 使用其他工具还原注册表

跟注册表编辑器一样，其他工具软件也同时具备注册表备份和恢复的功能，如 Windows 优化大师、360 安全卫士等。

4. 用"最后一次正确的配置"恢复注册表

在恢复 Windows XP、Windows 7 操作系统的注册表时，还可以使用它特有的"最后一次正确的配置"功能来解决某些问题，如新安装的驱动程序与硬件不匹配等。"最后一次正确的配置"的实质就是系统在每次启动后，自动将注册表中的硬件信息做一个备份，当系统出现错误时，就可以利用该功能恢复到上一次成功启动时的状态，因此叫做"最后一次正确的配置"。

其方法如下：在启动 Windows XP、Windows 7 系统时按下 F8 键，然后在出现的选择界面中通过键盘上的 ↑、↓ 键，选择"最后一次正确的配置"选项，再按 Enter 键，重新启动系统后，系统将恢复到上一次正确的配置状态。

5. 其他恢复注册表的方法

如果用户未对注册表进行备份，但注册表已被破坏时，还可以尝试用以下几种方法来对系统进行恢复处理。

1）恢复到上一次正常启动时的状态

注册表如果不能恢复到上一次 Windows 正常启动时的状态，则可用 System.1st 文件将注册表恢复到 Windows 第一次正常启动时的状态。其方法为将 Windows 系统启动到 DOS 模式下，依次执行下面的命令：

（1）cd\windows（进入 Windows 安装目录）；

（2）attrib –s –h –r system.dat（去掉 System.dat 的系统、隐藏、只读属性）；

（3）ren system.dat system.old（将 System.dat 改名）；

（4）cd\（回到 System.1st 文件所在目录，一般在启动盘的根目录下）；

（5）attrib –s –h –r system.1st（去掉 System.1 的系统、隐藏、只读属性）；

（6）copy system.1st c:\Windows\system.dat（使用 System.1st 替代 System.dat）；

（7）attrib +s +h +r system.1st（加上属性）；

（8）重新启动计算机，即可恢复到第一次正常启动时的状态。

2）替换法恢复注册表

若使用 System.1st 文件恢复注册表仍不能解决问题，可利用其他计算机系统中的注册表文件对注册表进行恢复。其方法如下：首先找一台相同配置且系统完好的计算机，然后将其注册表文件（System.dat 和 User.dat）复制到出错的计算机上并覆盖原文件，最后重新启动系统即可。

3）重新安装 Windows 操作系统

重新安装 Windows 操作系统是最安全、最稳妥的方法。如果计算机中没有十分重要的文件需要保留，注册表又不能进行恢复时，最好采用此方法进行彻底的恢复。

5.4　注册表检测和维护

用户在使用计算机的过程中，由于卸载软件等操作，会在注册表中留下残余的无用信息，对于这些信息可以使用专业的注册表管理和维护工具进行清理，使系统运行更稳定。同时，也可以利用注册表来对系统进行维护，如防病毒操作等。

5.4.1　注册表编辑工具——Registry Workshop

Registry Workshop 是一款高级的注册表编辑工具软件，能够完全替代 Windows 系统自带的 RegEdit 注册表编辑器。除了 RegEdit 的特性外，Registry

Workshop 提供许多其他功能提高注册表编辑操作效率，能够剪切、复制和粘贴
注册项和键值名，还可以进行撤销和重做操作；能够快速地查找和替换所需注
册项、键值名和字符串；允许编辑注册表文件同系统自带的注册表编辑器一样；
并且提供容易使用和灵活的收藏夹功能。

　　下面将使用 Registry Workshop 编辑注册表并优化系统，其具体操作步骤
如下。

　　（1）启动 Registry Workshop 软件，打开主界面，如图 5-10 所示，在其主
界面的注册表项的窗口中，展开注册表树形结构，选定需要修改的对象。

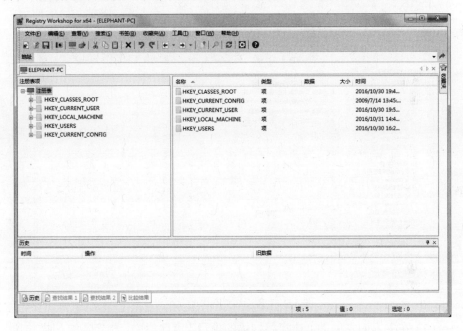

图 5-10　Registry Workshop 界面

　　（2）选择主菜单"编辑|修改"命令，打开"编辑字符串"对话框，如图 5-11
所示，在"数值数据"文本框中，输入新的数据，然后单击"确定"按钮，完
成修改。

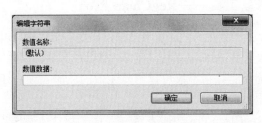

图 5-11　编辑字符串

5.4.2 注册表修复工具——**Registry Repair**

Registry Repair 是一个系统注册表管理工具软件。它可以对注册表进行备份、恢复、整理，对系统启动项目、IE 插件进行管理，隐私清除器可以安全清除计算机的隐私。

下面将使用 Registry Repair 注册表修复工具，其具体操作步骤如下。

（1）启动 Registry Repair 软件，打开主界面，如图 5-12 所示。

图 5-12　Registry Repair 主界面

（2）在主界面左侧的"选择要扫描的项目"窗口栏中，指定需要扫描的项。

（3）选择主菜单"操作|扫描注册表"命令，完成所选项的扫描工作。

（4）扫描完成后，在当前界面右侧"名称"窗口栏中，指定需要修复的问题项，单击右侧 修复扫描出的问题 按钮，完成所选项修复工作。

5.4.3 注册表修复工具——**RegClean Pro**

RegClean Pro 是一款优秀的注册表扫描、修复工具软件，可以帮助用户轻松而有效地清理、修复 Windows 系统注册表中默认的、被破坏的或残缺的系统参数，轻松提升系统性能。它不仅可以修复无效的注册表项，还可以整理注册表碎片，使系统性能保持顺畅。

下面将使用 RegClean Pro 注册表修复工具，其具体操作步骤如下。

（1）启动 RegClean Pro 软件，打开主界面，如图 5-13 所示。

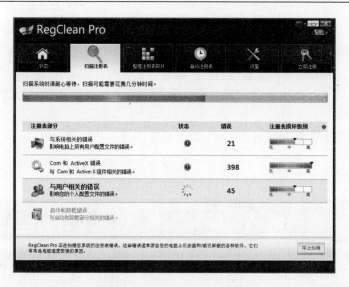

图 5-13　RegClean Pro 主界面

（2）单击主界面上"扫描注册表"选项卡，开设扫描注册表，扫描结束后，出现修复错误界面，如图 5-14 所示。

图 5-14　修复错误界面

（3）在修复错误界面中，单击右侧修复错误✓按钮，完成所选项修复工作。

5.4.4　注册表维护工具——Wise Registry Cleaner

Wise Registry Cleaner 是一款免费安全的注册表清理工具。在用户安装新

119

软件时，信息被添加到注册表中，但是很少有卸载程序能完全正确地删除这些信息。因此，随着时间的推移，当用户不断地安装和卸载软件时，堆积的垃圾文件就会越来越多，计算机的性能就受到了影响。Wise Registry Cleaner 可以快速地扫描，查找有效的信息并安全地清理垃圾文件，时刻保持系统的高效性。

下面将使用 Wise Registry Cleaner 清理注册表并优化系统，其具体操作步骤如下。

（1）启动 Wise Registry Cleaner 软件，打开主界面，如图 5-15 所示。

图 5-15　Wise Registry Cleaner 界面

（2）在主界面中单击"注册表清理"按钮，然后单击右侧 开始扫描 按钮，完成清理工作。

（3）优化系统操作与清理操作类似，在主界面中单击"系统优化"按钮，然后单击右侧 一键优化 按钮，完成系统优化工作。

5.4.5　利用注册表防病毒入侵

2017 年 5 月，勒索病毒"WannaCry"席卷全球，它是一种"蠕虫式"的勒索病毒软件，利用 Windows 操作系统 445 端口存在的漏洞进行传播，并具有自我复制、主动传播的特性。被该勒索软件入侵后，用户主机系统内的照片、图片、文档、音频、视频等几乎所有类型的文件都将被加密，加密文件的后缀名被统一修改为.WNCRY，并会在桌面弹出勒索对话框，要求受害者支付价值数百美元的比特币钱包，且赎金金额还会随着时间的推移而增加。截至 2017年 5 月 15 日，WannaCry 造成至少有 150 个国家受到网络攻击，已经影响到金融、能源、医疗等行业，造成严重的危机管理问题。

如何关闭 445 端口，方法之一是对注册表进行修改，具体操作方法如下。

（1）打开服务管理控制台。按 WIN+R 键打开"运行"窗口，输入"cmd"命令，单击"确定"按钮，进入服务管理控制台，输入"netstat –an"命令，如图 5-16 所示。

图 5-16　"cmd"命令窗口

（2）查看系统中当前开放的端口。输入命令"netstat –an"后回车，即可查看开放的端口和状态。例如，当前系统开放了 135、445、5357 等端口，而且都处于监听状态"LISTENING"，如图 5-17 所示。

图 5-17　查看系统当前开放端口

（3）关闭 445 端口。确认自己的系统已经开放了 445 端口之后，用户需要关闭这个高危端口。首先进入系统的"注册表编辑器"，具体操作步骤是：依次选择"开始|运行"命令，打开"运行"窗口，输入"regedit"命令，打开"注册表编辑器"窗口，如图 5-18 所示。

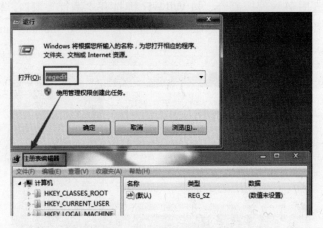

图 5-18 "注册表编辑器"窗口

（4）找到 Parameters 子项。依次单击注册表选项"HKEY_LOCAL_MACHINE\SYSTEM\CurrentControlSet\services\NetBT\Parameters"，进入 NetBT 这个服务的相关注册表项，如图 5-19 所示。

图 5-19 NetBT 服务子项

（5）新建项。右键单击 Parameters 这个子项，选择"新建|QWORD(64 位)值"命令，将新建项"新值 #1"重命名为"SMBDeviceEnabled"，子键的值为

0，如图 5-20 所示。

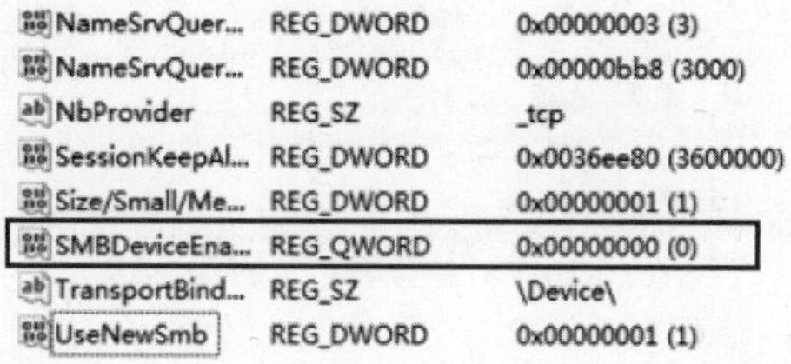

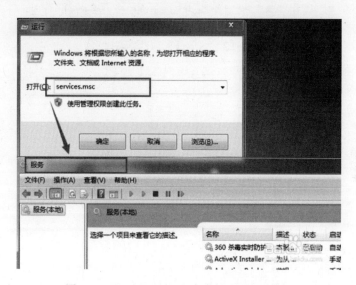

图 5-20　新建项"SMBDeviceEnabled"

　　（6）打开"服务"窗口。如果是 Windows XP 系统，重新启动计算机，即关闭系统的 445 端口。如果是 Windows 7 以上的版本，需要继续把操作系统的 Server 服务关闭，依次选择"开始|运行"命令，在"运行"窗口中输入"services.msc"命令，打开"服务"窗口，如图 5-21 所示。

图 5-21　"services.msc"命令与"服务"窗口

　　（7）关闭"Server"服务。找到"Server"服务，双击进入管理控制页面，如图 5-22 所示。把这个服务的启动类型更改为"禁用"，服务状态更改为"停止"，最后单击"应用"即可。

　　（8）重新启动计算机。按照步骤（1），查看 445 端口是否关闭。

　　打开 445 端口的方法：

　　（1）按照上述步骤（5），将新建项"SMBDeviceEnabled"的子键值由 0 改 1，即可完成 445 端口的打开。

（2）重新启动计算机。按照上述步骤（1），查看 445 端口是否打开。

图 5-22　"Server 的属性"窗口

第 6 章　数据恢复技术

20 世纪中叶计算机的发明及应用，标志着人类进入了以数字化为主体的数字信息时代。随着时代的快速发展，随着计算机的普及和网络的应用，各类存储介质成为这个时代人们生活和工作不可或缺的组成部分。但是，每年由黑客窃取、病毒攻击、数据崩溃、网络崩盘、硬件故障、物理损坏以及自身误操作等引起的数据丢失灾难却频频发生。1998 年，轰动全球的 CIH 病毒事件导致两千多万块硬盘遭遇了数据丢失灾难，经济损失超过 280 亿美元；21 世纪初，狙击波病毒来袭，计算机频繁启动导致诸多硬盘丢失重要数据，仅欧美地区的直接损失就超过 120 亿美元；此外据有关数据统计，每年有 70%以上的用户在使用 U 盘、移动硬盘等存储设备时因为物理损坏、硬件故障等问题遭遇过数据丢失灾难……。诸多事件说明人们在享受数据信息带来便利的同时，也不得不面对数据丢失导致的巨大损失。毋庸置疑，相对于有价的存储介质，无价的数据更显得弥足珍贵，于是找回丢失的数据、尽可能降低损失程度成为了一件迫在眉睫的事情。面对巨大的信息安全漏洞，数据恢复技术应运而生。

本章主要讲述了数据恢复的基本概念和常用的数据恢复技术，通过应用实例说明数据恢复过程。

6.1　存储介质基本结构及存储原理

提到数据恢复，需要先了解硬盘和 U 盘等设备的基本结构、文件的存储原理，以及操作系统的启动流程。

6.1.1　硬盘数据结构

对于刚出厂的硬盘，是不能直接使用的，需要进行分区、格式化，然后再安装操作系统。例如 Windows 系列，硬盘由五部分组成：主引导扇区、操作系统引导扇区、文件分配表、目录区和数据区。其中只有主引导扇区是唯一的，其他部分随分区数增加而增加。

1. 主引导扇区

主引导扇区（Main Boot Record，MBR）：位于整个硬盘的 0 磁道 0 柱面 1

扇区，包括硬盘主引导记录 MBR 和分区表（Disk Partition Table，DPT）。

主引导记录从偏移 0000H 开始到偏移 01BDH 结束的 446 字节，其作用就是检查分区表是否正确以及确定哪个分区为引导分区，并在程序结束时把该分区的启动程序（也就是操作系统引导扇区）调入内存加以执行。

分区表以 80H 或 00H 为开始标志，以 55AAH 为结束标志，由 4 个分区表项构成，每个分区 16 字节，共 64 字节，位于本扇区的最末端。其中 4 个分区表项的结构是：第 1 个字节表示是否为系统分区；第 2、3、4 字节表示该分区的开始磁头、扇区以及柱面；第 5 字节表示分区类型；第 6、7、8 字节表示分区结束的开始磁头、扇区以及柱面；后面的 8 字节，前 4 字节用来表示该分区之前的所有分区的所有扇区数，后 4 字节用来表示该分区的扇区总数。

2. 操作系统引导扇区

操作系统引导扇区（OS Boot Record，OBR）：通常位于硬盘的 0 磁道 1 柱面 1 扇区（这是对于 DOS 来说的，对于那些以多重引导方式启动的系统则位于相应的主分区/扩展分区的第一个扇区），是操作系统可直接访问的第一个扇区，它也包括一个引导程序和一个被称为 BPB（BIOS Parameter Block）的本分区参数记录表。其实每个逻辑分区都有一个 OBR，其参数视分区的大小、操作系统的类别而有所不同。引导程序的主要任务是判断本分区根目录前两个文件是否为操作系统的引导文件。如果是，则把第一个文件读入内存，并把控制权交予该文件。BPB 参数块记录着本分区的起始扇区、结束扇区、文件存储格式、硬盘介质描述符、根目录大小、FAT 个数、分配单元的大小等重要参数。

3. 文件分配表

文件分配表（File Allocation Table，FAT）：位于磁盘 0 扇区上的一个特殊的文件，它包含了磁盘上的文件的大小以及文件存放的簇的位置等信息。它对于硬盘的使用是非常重要的，假若丢失文件分配表，那么硬盘上的数据就无法定位而不能使用了。它是 DOS/Win9x 系统的文件寻址系统，为了数据安全起见，FAT 一般有两个，第二个 FAT 为第一个 FAT 的备份，FAT 区紧接在 OBR 之后，其大小由本分区的大小及文件分配单元的大小决定。

FAT 的格式历来有很多选择，Microsoft 的 DOS 及 Windows 采用我们所熟悉的 FAT12、FAT16 和 FAT32 格式，但除此以外并非没有其他格式的 FAT，像 Windows NT、OS/2、UNIX/Linux、Novell 等都有自己的文件管理方式。

4. 目录区

目录区 DIR（Directory）：紧接在第二个 FAT 表之后，只有 FAT 还不能定位文件在磁盘中的位置，FAT 还必须和 DIR 配合才能准确定位文件的位置。DIR 记录着每个文件（目录）的起始单元、文件的属性等。定位文件位置时，操作系统根据 DIR 中的起始单元，结合 FAT 表就可以知道文件在磁盘的具体位置及大小了，在 DIR 区之后，才是真正意义上的数据存储区，即 DATA 区。

5. 数据区

数据区（DATA 区）：DATA 区占据了硬盘的绝大部分空间，但没有了前面的各部分，它也只能是一些枯燥的二进制代码，没有任何意义。需要说明的是，我们通常所说的格式化程序（指高级格式化），并没有把 DATA 区的数据清除，只是重写了 FAT 表而已，至于分区硬盘，也只是修改了 MBR 和 OBR，绝大部分的 DATA 区的数据并未被改变，这也是许多硬盘数据能够得以修复的原因，当然，要求磁盘数据区数据未被覆盖。

6.1.2　硬盘分区方式

磁盘分区分为 3 种：主分区、扩展分区和逻辑分区。

主分区是一个比较单纯的分区，通常位于硬盘的最前面一块区域中，构成逻辑 C 磁盘，在主分区中，不允许再建立其他逻辑磁盘。

扩展分区的概念则比较复杂，也是造成分区和逻辑磁盘混淆的主要原因。由于硬盘仅仅为分区表保留了 64 字节的存储空间，而每个分区的参数占据 16 字节，故主引导扇区中总计可以存储 4 个分区的数据。操作系统只允许存储 4 个分区的数据，如果说逻辑磁盘就是分区，则系统最多只允许 4 个逻辑磁盘。对于具体的应用，4 个逻辑磁盘往往不能满足实际需求，为了建立更多的逻辑磁盘供操作系统使用，系统引入了扩展分区的概念。

扩展分区，严格地讲不是一个实际意义的分区，它仅仅是一个指向下一个分区的指针，这种指针结构将形成一个单向链表。这样在主引导扇区中除了主分区外，仅需要存储一个被称为扩展分区的分区数据，通过这个扩展分区的数据可以找到下一个分区（实际上也就是下一个逻辑磁盘）的起始位置，以此起始位置类推可以找到所有的分区。无论系统中建立多少个逻辑磁盘，在主引导扇区中通过一个扩展分区的参数就可以逐个找到每一个逻辑磁盘。

需要特别注意的是，由于主分区之后的各个分区是通过一种单向链表的结构来实现链接的，因此，若单向链表发生问题，将会导致逻辑磁盘的丢失，造成系统无法读取磁盘数据。

6.1.3　U 盘存储原理

2002 年 7 月，朗科公司"用于数据处理系统的快闪电子式外存储方法及其装置"（专利号：ZL 99117225.6）获得国家知识产权局正式授权。2004 年 12 月 7 日，朗科获得美国国家专利局正式授权的闪存盘基础发明专利，美国专利号 US6829672。U 盘，是中国在计算机存储领域 20 年来首次原创性发明专利成果。至此，U 盘作为数据存储介质得到了广泛的应用。

1. U盘的结构组成

U盘由五部分组成：USB接口、主控芯片、Flash（闪存）芯片、PCB底板、外壳封装，如图6-1所示。

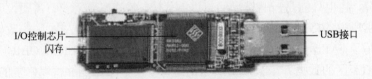

I/O控制芯片—————
闪存—————
—————USB接口

图6-1 U盘结构组成

USB接口：USB接口负责连接计算机，是数据输入或输出的通道。

Flash（闪存）芯片：Flash芯片与内存条的原理基本相同，是保存数据的实体，其特点是断电后数据不会丢失，能长期保存。

主控芯片：主控芯片负责闪存与USB连接，是U盘的核心。主控芯片负责各部件的协调管理和下达各项动作指令，并使计算机将U盘识别为"可移动磁盘"，是U盘的"大脑"。人们一般所说的U盘方案就是指主控芯片的型号。有些主控芯片还要输入3V的电压给闪存供电，保证闪存的正常工作。

PCB底板：PCB底板是负责提供相应处理数据平台，且将各部件连接在一起。

外壳封装：U盘外壳用于封装U盘内的各部件，起到保护内部电路的作用。

2. U盘基本工作原理

U盘是采用Flash芯片存储的，Flash芯片属于电擦写电门。在通电以后改变状态，不通电就固定状态。所以，断电以后资料能够保存。

当一个USB设备插入主机时，由于USB设备硬件本身的原因，它会使USB总线的数据信号线的电平发生变化，而主机会经常扫描USB总线。当发现电平有变化时，立即知道有设备插入。当USB设备刚插入主机时，USB设备本身会初始化，并认为地址是0，也就是没有分配地址。当一个USB设备插入主机时，它会被主机识别其型号、通信协议等。当这一些信息都被主机获取后，主机与USB设备之间就可以根据它们之间的约定进行通信。

USB的这些信息是通过描述符实现的。USB描述符主要包括设备描述符、配置描述符、接口描述符、端点描述符等。设备描述符包含设备类型及制造商信息。接口描述符包含传输所采用的协议，而传输的方式则包含在端点描述符中。当一个U盘插入主机以后，主机会要求USB设备传回它们的描述符，当主机得到这些描述符后，即完成了设备的配置。识别出USB设备是一个支持Bulk-Only传输协议的海量存储设备。这时应可进行Bulk-Only传输方式。在此方式下，USB与设备之间的数据传输都是通过Bulk-In和Bulk-Out来实现的。

6.1.4　数据存储原理

1. 文件的读取

操作系统从目录区中读取文件信息，文件信息包括文件名、后缀名、文件大小、修改日期和文件在数据区保存的第一个簇的簇号，假设第一个簇号是0023，操作系统从 0023 簇读取相应的数据，然后再找到 FAT 的 0023 单元，如果内容是文件结束标志（FF），则表示文件结束，否则读取下一个簇的簇号，这样重复下去直到遇到文件结束标志。

2. 文件的写入

保存文件时，操作系统首先在 DIR 区中找到空区写入文件名、大小和创建时间等相应信息，然后在 DATA 区找到闲置空间将文件保存，并将 DATA 区的第一个簇写入 DIR 区，其余以此类推。

3. 文件的删除

删除操作较简单，当用户需要删除一个文件时，系统只是在文件分配表内在该文件前面写一个删除标志，表示该文件已被删除，它所占用的空间已被"释放"，其他文件可以使用它占用的空间。所以，这类删除文件易被恢复，只需用工具将删除标志去掉，数据即被恢复。当然，前提是没有新的文件写入，该文件所占用的空间没有被新内容覆盖。Windows 系统文件删除时在目录文件区数据进行修改，通过将第一个字符修改成 E5，来标识文件删除。

与文件删除类似，利用 Fdisk 删除已建立分区和利用 Format 格式化逻辑磁盘（假设没有使用/U 参数）都没有将数据从 DATA 区直接删除，前者只是改变了分区表，后者只是修改了 FAT 表，因此被误删除的分区和误格式化的硬盘完全有可能恢复。

4. 格式化

格式化操作和删除相似，都只操作文件分配表，不过格式化是将所有文件都加上删除标志，或直接将文件分配表清空，系统将认为硬盘分区上不存在任何内容。格式化操作并没有对数据区做任何操作，目录空了，内容还在，借助数据恢复知识和相应工具，数据仍然能够被恢复回来。

注意：格式化并不是 100%能恢复，有的情况磁盘打不开，需要格式化才能打开。如果数据重要，千万别尝试格式化后再恢复，因为格式化本身就是对磁盘写入的过程，只会破坏残留的信息。

5. 文件的覆盖

人们常说："只要数据没有被覆盖，数据就有可能恢复回来"。因为磁盘的存储特性，当不需要硬盘上的数据时，数据并没有被拿走，删除时系统只是在文件上写一个删除标志，格式化和低级格式化也是在磁盘上重新覆盖写一遍以数字 0 为内容的数据，这就是覆盖。

一个文件被标记上删除标志后，它所占用的空间在有新文件写入时，将有可能被新文件占用覆盖写上新内容。这时删除的文件名虽然还在，但它指向数据区的空间内容已经被覆盖改变，恢复出来的将是错误异常内容。同样，文件分配表内有删除标记的文件信息所占用的空间也有可能被新文件名文件信息占用覆盖，文件名也将不存在。

当将一个分区格式化后，再复制上新内容，新数据只是覆盖掉分区前部分空间，去掉新内容占用的空间，该分区剩余空间数据区上无序内容仍然有可能被重新组织，将数据恢复出来。

同理，克隆、一键恢复、系统还原等造成的数据丢失，只要新数据占用空间小于破坏前空间容量，就有可能恢复所需要的分区和数据。

6.2　数据恢复基本原理

6.2.1　数据恢复基本概念

1. 什么是数据恢复

数据恢复，是指由于各种原因，如物理故障（磁头损坏、电机损坏、磁盘坏道、电路损坏等）和逻辑故障（误删除、误克隆、误格式化、病毒攻击等）导致存储介质上数据丢失时把保留在存储介质上的数据重新恢复的过程。即使数据被删除、黑客攻击或存储介质出现物理故障，数据恢复技术也能使相关数据完好无损地恢复。

2. 数据恢复技术的起源和发展

20 世纪 90 年代诞生的因特网，宣告了人类社会网络时代的到来，计算机的广泛应用和网络的全面普及，使得无处不在的网络信息化已经渗透到我们生活的每个角落，作为网络信息化的重要组成部分，存储介质在相关管理上具有便易性、集中性。另外，作为网络信息电子产物的存储介质还同时具备损耗性、周期性、可攻击性，这些特点的存在相应增大了涉密数据被破坏以及丢失的几率，直接催生了存储载体数据恢复技术的快速发展，全球各大科研机构、IT 企业纷纷投入人力物力进行研究，20 世纪 90 年代末基于硬件层的硬盘数据恢复技术以及数据设备相继诞生，标志着具有神秘色彩的数据恢复技术正式走向应用时代。

到 2002 年，随着数据恢复技术的发展和行业需求的增大，数据恢复技术开始针对性切入到相关专业领域，针对司法机关、军队等不同领域的各种数据恢复、数据销毁设备先后面世，同时全球第一台通过弱磁、强磁以及相关技术来达到数据销毁目的的涉密数据销毁智能设备——930 数据粉碎机在中国科学院成都分院效率源科技诞生,这正式标志着以涉密数据恢复技术和涉密数据销毁技术为基础的高尖涉密数据信息安全运维体系的形成。

最近几年随着存储介质从光磁存储(硬盘、光盘)发展到电子存储(U 盘、电子硬盘、Flash 存储),针对不同存储介质的数据恢复技术设备也相应面世,电子存储(电子硬盘、Flash 存储、手机芯片存储)在可预见的未来会成为主流存储介质,而人类社会进入以数据为主体的信息时代后,数据的爆炸性增长以及存储介质的广泛应用也将直接带来数据恢复技术在更大范围内的迫切需求。

3. 军事领域应用

1)涉密数据恢复技术、销毁技术成为军事涉密安全高尖装备

科技的发展也推动着相关技术在军事领域的应用。2003 年,我军原总参谋部XX所在全球范围内率先部署了军用级涉密数据销毁及涉密数据修复/恢复在内的信息化后勤保障体系,这是全球第一个具有军用级涉密数据恢复能力的信息化后勤保障体系,主要用于我军原总参内部日常的各部门电脑硬盘、U 盘等多种军用级涉密数据载体的安全保障,保障了部队的正常信息化安全维护和工作的顺利开展。

而近年来,由网络故障、黑客窃取、网络间谍等导致的恶性军事泄密事件层出不穷,造成了极其恶劣的影响,因此包括军用级涉密载体、涉密数据恢复技术在内的信息化后勤保障体系经过不断的技术更新,在原有涉密数据恢复技术、销毁等基础上新增了针对新存储介质的更多技术实现,在军事应用中起到了更为精确、全面的作用。2006 年,我军 XX 军区也构建了包括军用级涉密数据恢复、涉密数据销毁在内的信息化后勤保障体系。2008 年 5.12 汶川大地震后,该军区运用该体系成功抢救恢复了诸多重大军事文档、绝密资料,为国家挽回了无可估量的经济损失。

随着我军信息化程度的推进以及问责制、涉密安全条例等制度的细化,涉密数据恢复技术及涉密数据销毁信息化后勤保障体系凭借其稳定性、安全性和强大的功能,在我军数据信息安全保障中获得了极高的认知度,我国原各大军区、总装、总后、二炮、海军等部队先后装配组建了符合各部队实际情况的涉密数据恢复以及涉密数据销毁信息化后勤保障体系,并取得丰硕成果,相关的涉密数据恢复技术逐渐成为军事涉密数据信息安全领域的有效利器。

2)未来军队的发展离不开数据恢复技术和数据销毁技术

信息化时代的全面到来,也深刻影响着未来世界的军事变革,军队借助信息化平台实现信息化指挥、信息化协同、信息战、网络战……我军担负着应对多种安全威胁、多种突发情况、完成多样化军事任务等职责,在信息化条件背景下具有广泛应用性的涉密数据恢复技术及涉密数据销毁技术将成为突发情况

下国家关键数据抢救、军事任务中关键涉密数据信息安全运维保障、信息战中敌方数据俘获及反俘获等方面的有效利器。因此，数据恢复及数据销毁技术在部队日常涉密数据安全运维、突发事件、抢险救灾等情况中，以及在未来部队多种战时任务情况起到至关重要的作用。

4. 数据恢复的分类

1) 从故障类型来分

（1）逻辑故障数据恢复。

逻辑故障是指与文件系统有关的故障。如果文件系统损坏，即使存储介质硬件本身没有任何问题。那么计算机系统也无法找到硬盘上的文件和数据。逻辑故障造成的数据丢失，大部分可以通过数据恢复软件找回，如 R-studio、EasyRecovery 等软件。

（2）硬件故障数据恢复。

硬件故障是由于高温、振动碰撞等造成的机械故障，雷击、高压、高温等造成的电路故障，高温、振动碰撞、存储介质老化造成的物理坏磁道扇区故障，当然还有意外丢失损坏的硬盘固件 BIOS 信息等。

针对硬件故障的数据恢复，一般先诊断，对症下药，修复硬件故障，然后利用数据恢复软件，最终将数据成功恢复。

电路故障需要我们有电子电路基础，需要更加深入地了解硬盘详细工作原理流程。机械磁头故障需要百级以上的工作台或工作间来进行诊断修复工作。另外，还需要一些软硬件维修工具配合来修复固件区等故障类型。

2) 从针对不同的数据丢失原因来分

（1）主引导记录的恢复。

恢复主引导记录最简单的方法是使用 Fdisk 命令（在 DoS 启动环境下），其命令行格式通用语法很简单，使用"Fdisk/MBR"即可。注意，将要操作的硬盘作为主硬盘挂接在主 IDE 接口上，对于其他链接方式使用"Fdisk/CMBR"形式指定 IDE 设备的接口位置。在 Windows 启动环境下，需先制作启动盘，再用 DiskGenius 或 WinHex 工具软件完成主引导记录的恢复。

（2）坏道的修复。

硬盘物理坏道轻则使计算机频频死机，重则让计算机中的所有数据一切成空。以前一般只能采用低格或隐藏的方法。但是，低格会对硬盘的寿命造成一定影响，隐藏会造成坏道不断扩散，这些方法都有其致命缺陷。

现在可以用 HDD Regenerator Shell（以下简称 HDD）来修复硬盘坏道。HDD 是一个功能强大的硬盘修复软件，程序可以帮助用户真正地修复再生磁盘表面的物理损坏（如坏扇区），而并不是仅将其隐藏。程序安装后会帮助用户创建一个引导盘，然后引导用户在 DoS 下进行硬盘的修复再生工作，界面简捷，非常容易操作。

（3）分区的恢复。

用 Fdisk 命令或者 ghost 工具删除了硬盘分区之后，表面现象是硬盘中的数据已经完全消失，在未格式化时进入硬盘会显示无效驱动器。如果用户了解其工作原理，就会知道只是重新改写了硬盘的主引导扇区（0 面 0 道 1 扇区）中的内容，具体地说就是删除了硬盘的分区表信息，而硬盘分区中的所有数据均未改动。可采用 DiskGenius 和 WinHex 工具软件进行分区恢复。

（4）文件丢失的恢复。

对于文件丢失的恢复主要是使用 EasyRecovery 和 FinalData 等恢复软件对其在一定程度上恢复部分被破坏的数据。

（5）硬件故障的恢复。

对于硬件出现故障的问题，用硬件替换、固件修复和盘片读取方式，一般需要专业人员利用专业设备才能完成操作。

5. 数据恢复的原则

一旦意识到数据丢失，应该做到以下几点：

（1）不盲目自行使用恢复软件进行恢复，或者尝试恢复系统。

（2）不反复读盘，也不能往硬盘上写数据。否则，会对数据造成二次破坏。

（3）不轻易选择计算机维修公司进行数据恢复，因为"维修"和"数据恢复"存在较大差异，维修过程中对硬盘造成的损伤，会使数据恢复的难度大大增加，轻则费用大幅度上升，重则导致数据无法恢复，给用户带来不可挽回的损失。

因此，如果丢失重要数据，需要找专业、正规的数据恢复公司进行恢复。

在进行数据恢复之前，一般做好数据备份（先制作镜像文件，可以使用WinHex 软件或者 R-Studio），利用镜像文件进行数据恢复，这样可以避免反复读盘并减少对已损坏硬盘产生二次损伤。

6. 数据恢复的范围

造成数据丢失的具体原因比较多，归纳总结主要有以下 9 种：

（1）恶意病毒侵入；

（2）误操作；

（3）保密系统、加密和权限；

（4）升级软件或系统；

（5）硬件失效；

（6）操作系统或应用软件发生错误；

（7）掉电；

（8）内存溢出；

（9）其他恶意的破坏。

6.2.2 数据恢复的方法

1. 数据恢复的方式

数据恢复方式主要分为软恢复方式与硬恢复方式两大类，如图 6-2 所示。

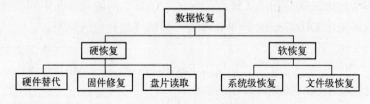

图 6-2 数据恢复的方式

硬恢复可分为硬件替代、固件修复、盘片读取 3 种方式。硬件替代就是用同型号的好硬件替代坏硬件达到恢复数据之目的，如硬盘电路板的替代、闪存盘控制芯片更换等。固件是硬盘厂家写在硬盘中的初始化程序，需要专业工具才能访问。固件修复，就是用硬盘专用修复工具，如 PC3000 等，修复硬盘固件，从而恢复硬盘数据。盘片读取方式就是在百级超净工作间对硬盘进行开盘，取出数据盘片，然后用专门的数据恢复设备对其进行扫描，读出盘片上的数据。

软恢复可分为系统级恢复和文件级恢复两种。系统级恢复就是操作系统不能正常启动，利用修复软件对系统进行修复，使系统能正常工作。文件级恢复，就是只在存储介质上进行文件破坏，如 DOC 损坏，利用 FinalData 软件等恢复数据。

2. 数据恢复技术层次

数据恢复技术发展到目前为止，主要有以下几个技术层次。

1）软件恢复与硬件替代

这种方法一般使用数据恢复软件，如经典数据恢复软件有 Easyrecovery、Finaldata、R-Studio、WinHex 等，可以恢复因误删除、错误格式化、分区表损坏但还没有被其他数据覆盖的数据。这些软件对这样的数据恢复的成功率达 90%以上。但前提是在 BIOS 中能够识别硬盘，如果 BIOS 不能找到硬盘，可以采用简单硬件替代的方法，如同型号的好硬盘的电路板替代坏硬盘的电路板，看 BIOS 能否正确识盘。对于闪存盘，可用同型号的控制芯片替代。目前电子市场中大多数所谓的数据恢复中心，基本上都是采用这样方法，但这种方法处在数据恢复的最低层次。

2）用专业数据恢复工具恢复数据

目前最流行的数据恢复工具有俄罗斯著名硬盘实验室——ACE Laboratory

研究开发的商用的专业修复硬盘综合工具 PC3000、IIRT-2.0 数据恢复机、Hardware Info Extractor_ HIE-200 等。其中，PC3000 和 HRT-2.0 可以对硬盘坏扇区进行修复，可以更改硬盘的固件程序。HIE200 可以对硬盘数据进行硬拷贝。这些工具的特点都用硬件加密，必须购买。目前市场上拥有这些工具的数据恢复中心，越来越多。

3）采用软硬件结合的数据恢复方式

用数据恢复的专门设备对数据进行恢复。用这种方法恢复数据，关键在于恢复用的仪器设备。这些设备都需要放置在超净无尘工作间里面，而且这些设备内部的工作台也是级别非常高的超净空间。这些设备的恢复原理也是大同小异，都是把硬盘拆开，把磁碟放进机器的超净工作台上，然后用激光束对盘片表面进行扫描，因为盘面上的磁信号其实是数字信号（0 和 1），所以相应地，反映到激光束发射的信号上也是不同的。这些仪器就是通过这样的扫描，一丝不漏地把整个硬盘的原始信号记录在仪器附带的计算机里面，然后再通过专门的软件分析来进行数据恢复。可以说，这种设备的数据恢复率是相当惊人的，即使是位于物理坏道上面的数据，由于多种信息的缺失而无法找出准确的数据值，也可以通过大量的运算，在多种可能的数据值之间进行迭代，结合其他相关扇区的数据信息，进行逻辑合理性校验，从而找出逻辑上最符合的真值。这些设备只有加拿大和美国生产，不但价格昂贵，而且由于受有关法律的限制，进口非常困难。不过国内少数数据恢复中心，对盘腔损坏的硬盘，采用变通的办法，在超净实验室中开盘，取下盘片，安装到同型号的好硬盘上，同样可以达到数据恢复目的。

4）深层信号还原法

对于已经被覆盖的数据、完全低格、全盘清零、强磁场破坏的硬盘，采取最终极数据恢复方式，这种数据恢复方法叫"深层信号还原"。从数据角度来看，现有同样的数据，不同的处理方式，拷贝到原来没有数据的新盘和拷贝到旧盘覆盖原有数据，是没有区别的，因为这时候磁头所读取到的数字信号都是一样的。但是对于磁介质晶体来说，情况就有所不同了，以前的数据虽然被覆盖了，但在介质深层，仍然会留存着原有数据的"残影"，通过不同波长、不同强度的射线对这个晶体进行照射，会产生不同的反射、折射和衍射信号，这就是说，利用这些不同的射线去照射磁盘盘面，然后分析各种反射、折射和衍射信号，就可以帮助"看到"在不同深度下这个磁介质晶体的残影。根据目前的资料，大概可以观察到第 5 层，也就是说，即使一个数据被不同的其他数据重复覆盖 4 次，仍然有被"深层信号还原"设备读出来的可能性。当然，这样的操作成本非常昂贵，也只能用在国家安全级别的用途上，目前世界范围内只有极少数规模庞大的计算机公司和不计成本的政府机关拥有这样级别的数据恢复设备，而且这种设备现主要都是由美国人掌握。

除了以上这些数据恢复的方式外,数据恢复的难易程度还与设备和操作系统有关。单机的硬盘和 Windows 操作系统的数据恢复相对容易简单。而服务器的磁盘阵列和 UNIX 等网络操作系统的数据恢复就比较复杂,恢复成本比单机高得多。

6.2.3　FAT 格式数据恢复原理

FAT 格式一般用于 U 盘中,下面使用 U 盘作为介质来说明 FAT 格式数据恢复的基本原理。

首先将 U 盘格式化为 FAT32 格式,并将 U 盘中的某个文件删除,通过对该文件删除前后其 FDT 目录项、FAT 项和 DATA 项三者变化,来了解 FAT 格式中数据删除原理,如表 6-1 所示。

表 6-1　FAT32 文件和目录删除前后对照表

FDT 目录项	FAT 项	DATA 项
偏移 00H、14H 发生变化。其中 00H 处的 E5H 表示该文件或者目录被删除,14H 处的 00H 00H 表示 DATA 区的首簇号的高 16 位清 0	FAT 表内对应项全部都被清 0	无变化

通过表 6-1 可以看出,文件被删除后,文件的数据区并没有变化,发生变化的只是文件的目录项和 FAT 表,而文件的数据仍完整存在,这就给我们恢复原文件提供了机会。也就是说,当一个文件被删除后,只要没有新数据存入或者存入的新数据没有覆盖原文件的数据区,我们通过一定的技术手段,就能够把误删除的文件恢复出来。如果新存储的数据把被删除的 FDT 目录项占用了,而 DATA 项还在,一般文件仍然是可以恢复的。

文件存储的时候,一般以文件的格式作为开始标志,例如,jpg 图片文件一般以 FFH、D8H、FFH、E0H 或者 FFH、D8H、FFH、E1H 作为开始标志,压缩文件以 50H、4BH、03H、04H、14H 作为开始标志等。如果确定文件存储起始位置,再根据文件大小计算结束位置,那么数据恢复就容易得多了。

当有新的文件要存入 U 盘时,操作系统会优先寻找空闲区域来存储文件,而对于刚删除文件的数据区域则保护不变,假如没有空闲区域,那么操作系统会把已删除文件的数据区域分配给新存入的文件,也就是说新文件会把已删除文件覆盖。

6.2.4　NTFS 数据恢复原理

1. NTFS 系统文件删除原理

1)NTFS 系统文件删除

在 NTFS 文件系统下删除一个文件时,系统至少在 3 个地方做了改变:一是该文件的 MFT（主文件表）头部偏移 16H 处的一个字节，该字节如果为"0"，则表示文件被删除，如果为"01"，则表示该文件正被使用，为"02"表示该文件是一个目录，为"03"时表示为删除目录；二是文件删除时，父文件夹的根索引 INDEX_ROOT 的属性修改为 90H，索引分配 INDEX_ALLOCATION 的属性修改为 A0H；三是文件删除时，必须在位图元数据记录中，将该文件所占用的簇对应的位置置 0，这样给其他文件腾出空间。

从上述工作原理可以看出，文件删除时，只是对主文件表（MFT）中的属性进行了修改，文件本身的存储区域并没有真正地删除。这相当于在教材（硬盘中的文件）中删除某一小节内容（文件）时，只是对教材目录（MFT）中关于这个小节的目录条目（文件记录）进行了部分修改，如仅在页码处做出修改（属性修改，如标记页码为空等），而这个小节的具体内容（文件）在教材中并没有变化。这种文件管理方式为删除文件的恢复提供了理论依据。

2）文件的物理删除

文件的真正删除是覆盖删除，即当有新文件复制到硬盘时，新文件会覆盖已经删除文件的扇区。因此，文件一旦误删除，切忌再向硬盘或 U 盘复制和安装文件到硬件中。一旦复制文件到硬盘或 U 盘，误删文件就无法恢复了。

2. NTFS 系统文件恢复原理

从文件删除原理着手，分几步对文件数据进行恢复。

（1）由于文件是通过主文件表 MFT 来确定在硬盘上的存储位置，因此首先要找到 MFT 的位置。

（2）找到 MFT 后，分析 MFT 中的文件记录信息（对大的文件还可能有多个记录与之对应），其中第一个文件记录称为基本文件记录，而当中存储有其他扩展文件记录的一些信息。

（3）通过文件记录的根索引 INDEX_ROOT、索引分配 INDEX_ALLOCATION，以及位图记录，对被删除文件定位，找到该文件在数据区中的存储位置。

（4）恢复该文件，即将文件记录表 MFT 的属性进行还原恢复。

在主文件表 MFT 中，目录的根索引属性包含文件名，它们是到达第 2 层的索引。在这个根索引属性中的每一个文件名，都包含一个指向索引缓冲区的指针。这个索引缓冲区中包含一些文件名，它们位于根索引属性中文件的名字之前。通过这种关系，可以使它们排在索引缓冲区中的那个文件之前。

仔细比较一个文件删除前后变化，以文件 MFT 属性与其父目录 INDEX 属性（90H 或 A0H 属性）为例，在某个 NTFS 卷 I 中只有一个 txt 文件，文件名为"shujuhuifushiyan.txt"。把该文件删除前后的 MFT 和删除前后其父目录的 90H 属性做一个对比，看看其删除前后有什么不同，如图 6-3 所示。

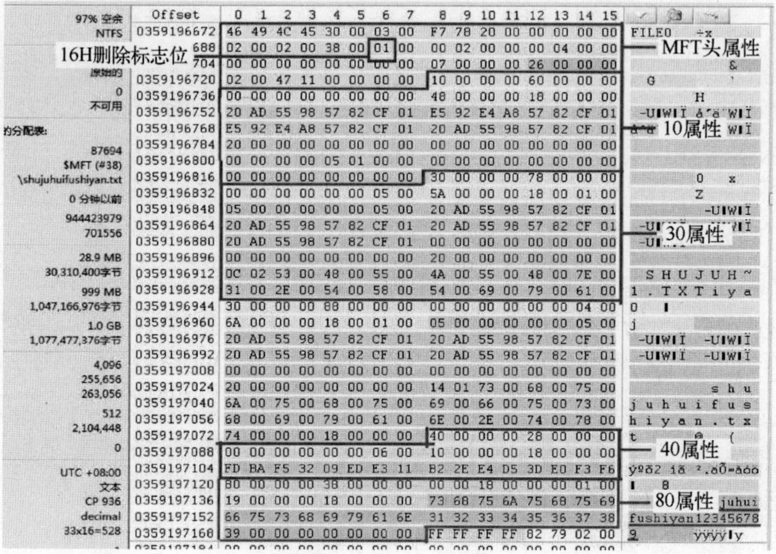

图 6-3　删除前的 MFT 项

通过分析可知，DBR 有 3 个常用参数：每簇扇区数、$MFT 起始簇号和 $MFTMirr 起始簇号寻找$MFT 的位置。第一个记录项也就是 0 号 MFT 项记录的是$MFT 文件本身，5 号记录项记录的是根目录，这就是我们首先需要查找的内容，再通过根目录找到 shujuhuifushiyan.txt 文件的 MFT 项，如图 6-4 所示。

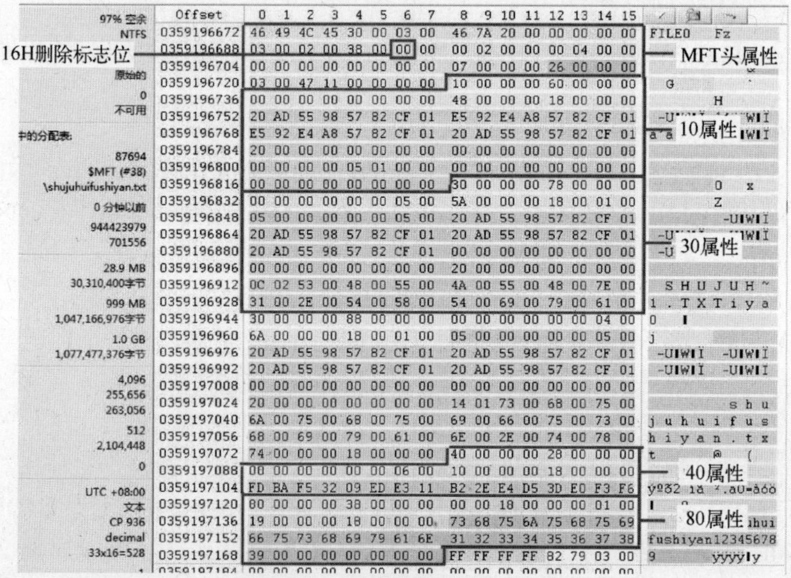

图 6-4　删除后的 MFT 项

通过观察，文件删除前后的 MFT 文件的变化有所不同。它的变化主要是日志文件序列号、序列号、标志、更新序列号 4 个方面，只有 MFT 头属性发生变化，而 10 属性、30 属性、40 属性、80 属性没有发生变化。具体变化如表 6-2 所示。

表 6-2　MFT 头删除前后对比

名称	偏移	长度	描述	时间	十六进制数（从低到高）
MFT 头	8H	8	日志文件序列号	删除前	00 00 00 00 00 20 78 F7
				删除后	00 00 00 00 00 20 7A 46
	10H	2	序列号	删除前	02 00
				删除后	03 00
	16H	1	文件标志	删除前	01
				删除后	00
	18H	4	记录头和属性的总长度	删除前	00 00 02 00
				删除后	00 00 02 00
	30H	2	更新序列号	删除前	00 02
				删除后	00 03

文件删除前后，MFT 文件的保留还是比较完整的，10 属性、30 属性、40 属性、80 属性没有发生变化。而文件数据就是保留在 80 属性里面的，可以恢复出来。

所以，在 NTFS 卷中删除一个文件时，被删除文件在 MFT 文件保存还是相当完整的，系统至少在 3 个地方做了改变。

一是该文件 MFT 头偏移 16H 处的一个字节，该字节为 0 表示文件被删除，为 1 表示该文件是正被使用的文件，为 2 表示其是一个目录。

二是其父文件夹的 INDE_XROOT 属性（90H）属性或者 INDEX_ALLOCATION（A0H 属性）。

三是在位图（$Bitmap）元数据文件中把该文件所占用的簇对应的位置置 0，这样好给其他文件腾出空间。

因此，当执行删除命令时，只要被删除文件所占的簇没有被新的数据覆盖，文件恢复是完全可行的。

下面使用磁盘扇区读写软件 WinHex 来说明 NTFS 文件删除后的恢复的实现过程：

现仍以上节 shujuhuifushiyan.txt 为例，它的文件数据较少，内容直接包含在 MFT 的 80 属性里面，是有文件名、常驻属性的典型应用。

首先，找到文件数据偏移地址，选择 Beginning of block，根据文件长度 19H，知道结束位置，计算结束位置，利用菜单选择 End of block。

在变蓝的选中数据区中，单击选择 Edit→Copy Block→Into New File。然后在弹出的对话框里面填入恢复文件名：shujuhuifushiyan.txt，保存类型选择 All Files，然后单击"保存"按钮。

在 WinHex 的安装目录里面，就出现了"shujuhuifushiyan.txt"的文件，内容是之前输入的内容："shujuhuifushiyan123456789"。

NTFS 下对其他类型的文件删除，例如.bmp、.doc 等文件的文件删除步骤都是一样的，就不赘述了。

6.3　数据恢复常用软件应用

数据恢复软件是指用户由于计算机突然死机断电、重要文件不小心删掉、计算机中毒、文件无法读取、系统突然崩溃、误操作、误格式化、计算机病毒的攻击等软硬件故障下的数据找回和数据恢复处理工具。目前市场使用的数据恢复软件较多，常用的、相对比较可靠的主要有以下几种。

6.3.1　DiskGenius 软件

DiskGenius 是一款硬盘分区及硬盘数据恢复软件，操作直观灵活，搜索全面，支持 NTFS、FAT32、FAT16、FAT12 等文件系统类型，并且支持 RAID 卷、U 盘、SD 等类型存储卡；支持 VMWare、VirtualBox、Virtual PC 的虚拟硬盘文件(.vmdk/.vdi/.vhd)。

例 1：使用 DiskGenius 软件恢复误删除文件

（1）启动 DiskGenius 软件，选择已删除文件所在的分区，然后单击工具栏"恢复文件"按钮，或选择主菜单"工具|已删除或格式化后的文件恢复"命令，打开"恢复文件"对话框，选中"恢复误删除的文件"选项，如图 6-5 所示。

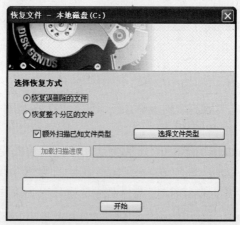

图 6-5　"恢复文件"对话框

（2）如果文件被删除之后，文件所在的分区有写入操作，则同时勾选"额外扫描已知文件类型"选项，并单击"选择文件类型"按钮，打开"选择要恢复的文件类型"对话框，如图 6-6 所示，设置要恢复的文件类型。

图 6-6　"选择要恢复的文件类型"对话框

（3）在"选择要恢复的文件类型"窗口中，单击"确定"按钮，切换到"恢复文件"窗口，单击"开始"按钮，进行扫描，如图 6-7 所示。

图 6-7　扫描对话框

（4）扫描完成后，"恢复文件"对话框自动关闭。软件主界面将显示搜索到的文件，每个已删除文件前面都有一个复选框，左侧的文件夹层次图中的条目也加上了复选框，如图 6-8 所示。

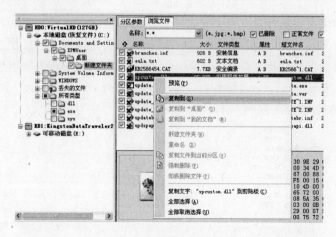

图 6-8　软件主界面

（5）对于不能确定归属的文件及文件夹，软件程序将它们统一放到一个叫做"丢失的文件"的内存文件夹中。如果在原位置找不到要恢复的文件，可以尝试在"丢失的文件"文件夹中查找文件。恢复后查找文件时记得检查此文件夹，很可能要恢复的重要文件就在这里。

（6）在恢复文件的状态下，文件列表中的"属性"栏将给已删除文件增加两个标记"D"和"X"，如图 6-8 所示。"D"表示这是一个已删除的文件。"X"表示这个文件的数据可能已被部分或全部覆盖，文件数据完全恢复的可能性较小。

（7）要恢复搜索到的文件，请通过复选框选择要恢复的文件。然后在文件列表中右击鼠标，或选择主菜单"文件|复制到"命令。接下来选择存放恢复后文件的文件夹，单击"确定"按钮，程序会将当前选择的文件复制到指定的文件夹中，如图 6-9 所示。为防止复制操作对正在恢复的分区造成二次破坏，本软件不允许将文件恢复到原分区。

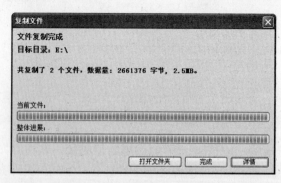

图 6-9　"复制文件"对话框

（8）当所有要恢复的文件都复制出来后。可以通过选择主菜单"分区 | 重新加载当前分区"命令释放当前分区在内存中的暂存数据，并从磁盘加载当前分区，显示分区的当前状态。

例 2：使用 DiskGenius 软件重建分区表

（1）启动 DiskGenius 软件，单击工具栏中"恢复文件"按钮，或选择主菜单"工具|已删除或格式化后的文件恢复"命令，打开"搜索丢失分区"对话框，如图 6-10 所示，按照默认设置搜索整个硬盘，单击"开始搜索"按钮。

图 6-10　"搜索丢失分区"对话框

（2）在搜索过程中，如图 6-11 所示，若检测到丢失的目标分区，单击"保留"按钮即可；若分区表不完整可选择"忽略"。硬盘越大时间越长。

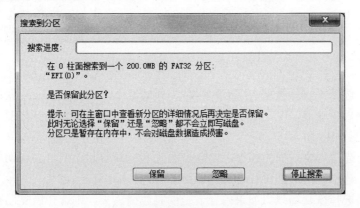

图 6-11　"搜索到分区"对话框

6.3.2 EasyRecovery 软件

EasyRecovery 软件是世界著名数据恢复公司 Ontrack 的技术杰作,是一款操作安全、价格便宜、用户自主操作的非破坏性的只读应用程序,它不会往源驱上写任何东西,也不会对源驱做任何改变。支持的媒体介质包括硬盘驱动器、光驱、闪存以及其他多媒体移动设备。能够恢复包括文档、表格、图片、音频、视频等各种数据文件。无论文件是被命令行方式删除,还是被应用程序或者文件系统删除,EasyRecovery 都能实现恢复,甚至能重建丢失的RAID。

例 3: 使用 EasyRecovery 软件恢复 U 盘数据

(1)启动 EasyRecovery 软件,打开主界面,如图 6-12 所示,单击"继续"按钮。

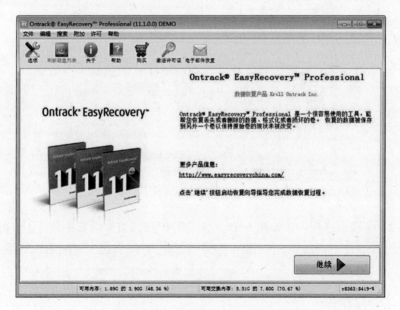

图 6-12 EasyRecovery 主界面

(2)选择"媒体类型-存储设备"。一般情况下,EasyRecovery 默认的媒体类型为硬盘驱动器,现在需要恢复 U 盘设备中的数据,所以选择恢复"存储设备",如图 6-13 所示。

(3)选择需要扫描的卷标。当把 U 盘连接到计算机上时,会自动新增加一个磁盘,选择新增加的可移动磁盘即可。

(4)选择恢复场景。如果内存卡是误删数据丢失,则选择恢复已删除的文件;如果文件是被格式化掉的,则选择恢复被格式化的媒体。

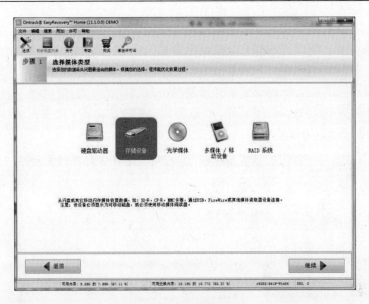

图 6-13　选择媒体类型

（5）检查选项及保存文件。确认恢复场景后，需要确认选项是否正确，如果正确，则单击"继续"按钮，文件进入一个正在扫描磁盘的阶段，这个时间根据丢失的文件多少决定，扫描完成后，选择需要恢复的文件右击"另存为"即可，如图 6-14 所示。

图 6-14　正在扫描磁盘

需要注意的是，格式化后再通过软件恢复，得到的文件有时候是损坏的，无法进行打开，所以，不能完全依赖使用 EasyRecovery，或者其他的恢复软件来恢复，最重要的是平时养成备份重要文件的良好习惯。

例 4：使用 EasyRecovery 软件修复 Word 文档

（1）启动 EasyRecovery 软件，在选择媒体类型中单击"硬盘驱动器"模式，如图 6-15 所示，可以恢复硬盘内丢失的数据。

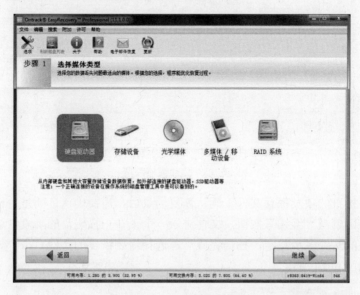

图 6-15　选择媒体类型

（2）选择需要扫描的卷标，即选择丢失文件所在磁盘，单击"继续"按钮，进入下一步。

（3）选择恢复场景。根据 Word 文档丢失的类型进行选择，这里选择恢复已删除的文件。

（4）文件扫描完成后，选择一个盘符存放需要恢复的文件，右击并选择"另存为"即可。切记文件不可恢复到丢失文件分区中，以免因数据覆盖而造成数据的二次破坏。

6.3.3　ARPR 软件

ARPR（Advanced RAR Password Recovery）是一款非常专业的 RAR/WINRAR 密码破解工具，能够帮助用户快速找回 RAR/WINRAR 压缩文件的密码，注册后可以解开多达 128 位密码。具备暴力破解、掩码破解和字典破解 3 种破解类型。

例 5："暴力破解"压缩文件的密码

（1）启动 ARCHPR 软件，选择需要破解的密码范围（如英文、数字、特殊符号、空格），选择项勾选越多，速度就越慢，如果明确记得大概是哪些，请精准选择，如图 6-16 所示。

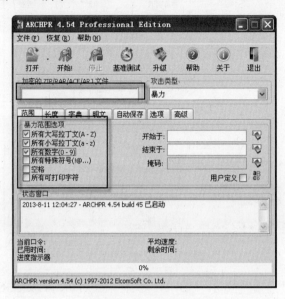

图 6-16　ARPR 主界面

（2）打开需要破解密码的文件，选择暴力破解，如图 6-17 所示。

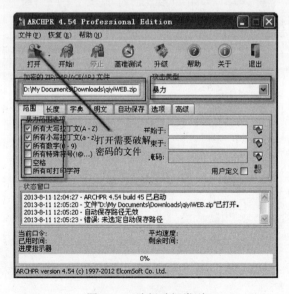

图 6-17　选择破解类型

（3）选择口令长度，主要修改最大长度，如图6-18所示。

图6-18　设置口令长度

（4）单击"开始"按钮，选择目标文件，进行破解，如图6-19所示。

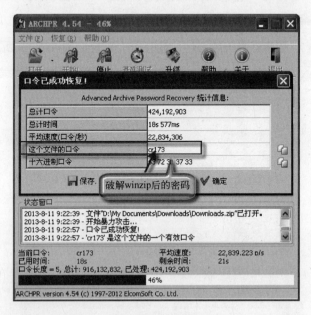

图6-19　统计信息

到此为止，将原先设置的 cr173 密码找到了。当然，密码越长，越复杂，破解的时间越长。

6.3.4　WinHex 软件

WinHex 是一款十六进制编辑器、磁盘编辑软件，功能非常强大，有完善的分区管理功能和文件管理功能，能自动分析分区链和文件簇链，能对硬盘进行不同方式不同程度的备份，甚至克隆整个硬盘。它能够编辑任何一种文件类型的二进制内容（采用十六进制显示），其磁盘编辑器可以编辑物理磁盘或逻辑磁盘的任意分区，主要用来检查和修复各种文件、恢复删除文件、硬盘损坏造成的数据丢失等。

例 6：使用 WinHex 软件恢复 RAW 格式

某移动硬盘有 3 个 NTFS 分区，连接到计算机后，其中一个分区打开时显示"磁盘未被格式化，是否格式化"，如图 6-20 所示，其他分区能正常打开。这通常是由于该分区的引导程序出了问题导致的，可以用 WinHex 来恢复分区中的数据，操作步骤如下。

图 6-20　未格式化提示

（1）启动 WinHex 软件，选择主菜单"工具|打开磁盘"命令，选择"物理磁盘"中的故障盘。打开之后用户就可以看到分区中的信息，如图 6-21 所示。

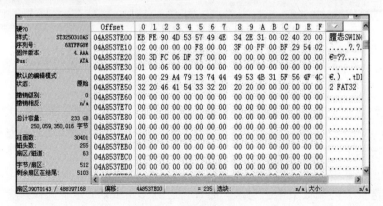

图 6-21　磁盘分区信息

（2）单击右上方的黑色小箭头出现下拉菜单，可以看到有故障的分区和其他正常分区显示是不一样的。故障分区显示"分区 X XXGB ?\"，由于该分区引启动扇区出错导致软件无法正常识别，如图 6-22 所示。

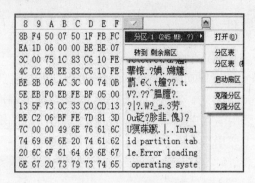

图 6-22　分区显示

（3）每个分区都有各自的备份启动扇区，所以需要使用备份进行恢复。将右侧滚动条拉到最下边，跳到该分区的最后一个扇区，用户看到的全是 00，这是每个分区都有的保留扇区，如图 6-23 所示。

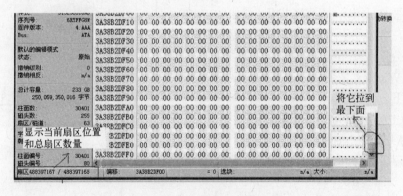

图 6-23　备份启动扇区

（4）NTFS 启动扇区最明显的标志就是"EB 52"，通过搜索来找到其位置。

（5）找到了备份启动扇区，把鼠标指针移到"EB 52"前面点右键选"选块开始"，在移到该扇区右下脚"55 AA"后面右键选择"选块结束"看到该扇区被全部选定，再右键选择"编辑|复制选块|标准"命令。

（6）再次单击右边黑色箭头选择"启动扇区"，将鼠标移到该扇区最左上方点右键选择"剪贴板数据｜写入"命令，这时 WinHex 提示"此操作会损坏该磁盘内容"，如图 6-24 和图 6-25 所示，单击继续。

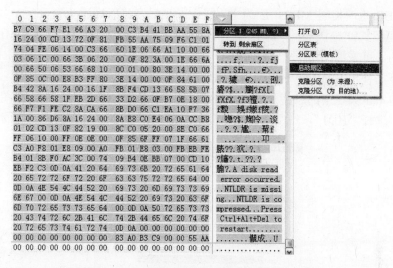

图 6-24　启动扇区

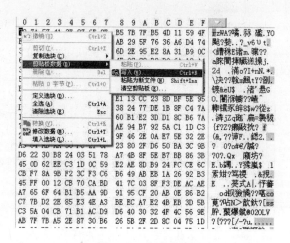

图 6-25　保存数据

（7）操作完成后单击"保存"按钮，再打开故障盘检查里面的数据一个不少。

例 7：使用 WinHex 软件修复硬盘的 MBR

某磁盘分成 C、D、E 三个分区，由于病毒侵入导致磁盘损坏，打开"资源管理器"后发现除了系统盘"C 盘"之外的其他分区（D 盘、E 盘）全部丢失了。很显然是主引导记录表 MBR 出现了故障。MBR 位于整个硬盘的 0 柱面 0 磁道 1 扇区，共占用了 63 个扇区，但是实际上只使用了 1 个扇区（512 字节），所谓的引导区病毒就是把这个扇区的数据搞乱而导致系统无法启动也无法使用。EBR 也叫扩展 MBR，因为主引导记录表最多只能描述 4 个分区，如果一个硬盘上多余 4 个分区，就要采用扩展 MBR 的办法。EBR 的结果和 MBR 是一样的。可采用 WinHex 软件来修复。

下面使用 WinHex 十六进制编辑器检测磁盘。

单击工具栏中的"打开磁盘"按钮，弹出"编辑磁盘"对话框，如图 6-26 所示，选择"HD1"，然后单击 OK 按钮，"HD1"的 MBR 如图 6-27 所示。

图 6-26　"编辑磁盘"窗口

Offset	0	1	2	3	4	5	6	7	8	9	A	B	C	D	E	F
000000000	33	C0	8E	D0	BC	00	7C	FB	50	07	50	1F	FC	BE	1B	7C
000000010	BF	1B	06	50	57	B9	E5	01	F3	A4	CB	BD	BE	07	B1	04
000000020	38	6E	00	7C	09	75	13	83	C5	10	E2	F4	CD	18	8B	F5
000000030	83	C6	10	49	74	19	38	2C	74	F6	A0	B5	07	B4	07	8B
000000040	F0	AC	3C	00	74	FC	BB	07	00	B4	0E	CD	10	EB	F2	88
000000050	4E	10	E8	46	00	73	2A	FE	46	10	80	7E	04	0B	74	0B
000000060	80	7E	04	0C	74	05	A0	B6	07	75	D2	80	46	02	06	83
000000070	46	08	06	83	56	0A	00	E8	21	00	73	03	A0	B6	07	EB
000000080	BC	81	3E	FE	7D	55	AA	74	0B	80	7E	10	00	74	C8	A0
000000090	B7	07	EB	A9	8B	FC	1E	57	8B	F5	CB	BF	05	00	8A	56
0000000A0	00	B4	08	CD	13	72	23	8A	C1	24	3F	98	8A	DE	8A	FC
0000000B0	43	F7	E3	8B	D1	86	D6	B1	06	D2	EE	42	F7	E2	39	56
0000000C0	0A	77	23	72	05	39	46	08	73	1C	B8	01	02	BB	00	7C
0000000D0	8B	4E	02	8B	56	00	CD	13	73	51	4F	74	4E	32	E4	8A
0000000E0	56	00	CD	13	EB	E4	8A	56	00	60	BB	AA	55	B4	41	CD
0000000F0	13	72	36	81	FB	55	AA	75	30	F6	C1	01	74	2B	61	60
000000100	6A	00	6A	00	FF	76	0A	FF	76	08	6A	00	68	00	7C	6A
000000110	01	6A	10	B4	42	8B	F4	CD	13	61	61	73	0E	4F	74	0B
000000120	32	E4	8A	56	00	CD	13	EB	D6	61	F9	C3	49	6E	76	61
000000130	6C	69	64	20	70	61	72	74	69	74	69	6F	6E	20	74	61
000000140	62	6C	65	00	45	72	72	6F	72	20	6C	6F	61	64	69	6E
000000150	67	20	6F	70	65	72	61	74	69	6E	67	20	73	79	73	74
000000160	65	6D	00	4D	69	73	73	69	6E	67	20	6F	70	65	72	61
000000170	74	69	6E	67	20	73	79	73	74	65	6D	00	00	00	00	00
000000180	00	00	00	00	00	00	00	00	00	00	00	00	00	00	00	00
000000190	00	00	00	00	00	00	00	00	00	00	00	00	00	00	00	00
0000001A0	00	00	00	00	00	00	00	00	00	00	00	00	00	00	00	00
0000001B0	00	00	00	00	00	00	2C	44	63	E4	37	CE	D5	00	00	80	01
0000001C0	01	00	0B	FE	BF	8D	3F	00	00	00	CF	50	A0	00	00	00
0000001D0	00	00	00	00	00	00	00	00	00	00	00	00	00	00	00	00
0000001E0	00	00	00	00	00	00	00	00	00	00	00	00	00	00	00	00
0000001F0	00	00	00	00	00	00	00	00	00	00	00	00	00	00	55	AA

图 6-27　HD1 的主引导记录表

　　WinHex 软件是按照扇区分隔的，注意每一个扇区会有一个分割线，前 446 字节为引导代码，可以不看，后 64 字节为分区信息，每个分区 16 个字节，共可以表示 4 个分区（含扩展分区），最后两个字节为"55 AA"，是分区结束标志。可以有一个简单办法记住分区信息：

　　（1）从 55AA 开始数，倒数第五行的倒数第二个数为"80"就意味着这个分区是可以启动的，否则不可以启动。

　　（2）从 55AA 开始数，倒数第四行的第三个数，是表示分区性质的。

　　（3）从 55AA 开始数，倒数第四行的倒数第三个数开始有四个数，按照倒的顺序排列，是表示这个分区的大小的，例如：CF 50 A0 00，实际上是 00 A0 50 CF，转化为十进制为 10506447，这个表示扇区数目，一个扇区是 512 个字节，所以还要乘以 512，即 10506447×512=5379300864 字节=5.0GB，也就是说这个分区大小是 5.0GB。

　　（4）按照上述步骤（3），再往前数四个数，表示开始的扇区。如：00 00 00 3F。

　　从图 6-27 中"磁盘 1"的 MBR 可看出，分区表项的记录除 C 盘以外的其他表项均为"00"字节填充。

　　下面使用 WinHex 工具恢复丢失的分区。

　　（1）按照上面检测的步骤打开磁盘"HD1"，访问界面应与图 6-26 相同。

　　（2）使用工具栏中的"查找十六进制数值"按钮查找结束标识"55 AA"，数据偏移设置为"512"="510"，单击 OK 按钮，如图 6-28 所示。

图 6-28　设置查找"十六进制数值"

　　（3）搜索到在第 63 扇区找到了一个分区的 DBR，其扇区内容如图 6-29 所示，通过分析这个扇区为"C 盘"的引导记录，不是准备找回的 D 盘、E 盘的引导记录，继续往下找，重新进行步骤（2）的操作或者按键盘 F3 功能键（继续按照之前的查找条件查）。

```
Offset    0  1  2  3  4  5  6  7   8  9  A  B  C  D  E  F
00007E00  EB 58 90 4D 53 44 4F 53  35 2E 30 00 02 08 26 00   ëXIMSDOS5.0   &
00007E10  02 00 00 00 00 F8 00 00  3F 00 FF 00 3F 00 00 00     ø  ? ÿ ?
00007E20  CF 50 A0 00 01 28 00 00  00 00 00 00 02 00 00 00   ÏP   (
00007E30  01 00 06 00 00 00 00 00  00 00 00 00 00 00 00 00
00007E40  80 00 29 3E E4 EC 4E 4F  4F 20 4E 41 4D 45 20 20   € )>äìNO NAME
00007E50  20 20 46 41 54 33 32 20  20 20 33 C9 8E D1 BC F4     FAT32   3ÉŽÑ¼ô
00007E60  7B 8E C1 8E D9 BD 00 7C  8B 4E 02 8A 56 40 B4 08   {ŽÁŽÙ½ | ‹N ŠV@´
00007E70  CD 13 73 05 B9 FF FF 8A  F1 66 0F B6 C6 40 66 0F   Í s ¹ÿÿŠ ñf ¶Æ@f
00007E80  B6 D1 80 E2 3F F7 E2 86  CD C0 ED 06 41 66 0F B7   ¶Ñ€â?÷â†ÍÀí Af ·
00007E90  C9 66 F7 E1 66 89 46 F8  83 7E 16 00 75 38 83 7E   Éf÷áf‰Fø ~  u8 ~
00007EA0  2A 00 77 32 66 8B 46 1C  66 83 C0 0C BB 00 80 B9   * w2f‹F f ÀÀ » €¹
00007EB0  01 00 E8 2B 00 E9 48 03  A0 FA 7D B4 7D 8B F0 AC   è+ éH   ú}´}‹ð¬
00007EC0  84 C0 74 17 3C FF 74 09  B4 0E BB 07 00 CD 10 EB   „Àt <ÿt ´ » Í ë
00007ED0  EE A0 FB 7D EB E5 A0 F9  7D EB 10 98 CD 16 CD 19   î û}ëå ù}ë ˜Í Í
00007EE0  66 60 66 3B 46 F8 0F 82  4A 00 66 6A 00 66 50 06   f`f;Fø ‚J fj fP
00007EF0  53 66 68 10 00 01 00 80  7E 02 00 0F 85 20 00 B4   Sfh    € ~  …   ´
00007F00  41 BB AA 55 8A 56 40 CD  13 0F 82 1C 00 81 FB 55   A»ªUŠV@Í  ‚  ûU
00007F10  AA 0F 85 14 00 F6 C1 01  0F 84 0D 00 FE 46 02 B4   ª …  öÁ  „  þF ´
00007F20  42 8A 56 40 8B F4 CD 13  B0 F9 66 58 66 66 58 58   BŠV@‹ôÍ °ùfXffXX
00007F30  66 58 EB 2A 66 33 D2 66  0F B7 4E 18 66 F7 F1 FE   fXë*f3Òf ·N f÷ñþ
00007F40  C2 8A CA 66 8B D0 66 C1  EA 10 F7 76 1A 86 D6 8A   ÂŠÊf‹Ðf Áê ÷v †ÖŠ
00007F50  56 40 8A E8 C0 E4 06 0A  CC B8 01 02 CD 13 66 61   V@Šè Àä  Ì¸  Í fa
00007F60  0F 82 54 FF 81 C3 00 02  66 40 49 0F 85 71 FF C3    ‚TÿÃ f@I …qÿÃ
00007F70  4E 54 4C 44 52 20 20 20  20 20 20 00 00 00 00 00   NTLDR
00007F80  00 00 00 00 00 00 00 00  00 00 00 00 00 00 00 00
00007F90  00 00 00 00 00 00 00 00  00 00 00 00 00 00 00 00
00007FA0  00 00 00 00 00 00 00 00  00 00 00 00 0D 0A 52 65                   Re
00007FB0  6D 6F 76 65 20 64 69 73  6B 73 20 6F 72 20 6F 74   move disks or ot
00007FC0  68 65 72 20 6D 65 64 69  61 2E FF 0D 0A 44 69 73   her media.ÿ  Dis
00007FD0  6B 20 65 72 72 6F 72 FF  0D 0A 50 72 65 73 73 20   k errorÿ  Press
00007FE0  61 6E 79 20 6B 65 79 20  74 6F 20 72 65 73 74 61   any key to resta
00007FF0  72 74 0D 0A 00 00 00 00  AC CB D8 00 00 55 AA 00   rt    ¬ËØ  Uª
00008000  52 52 61 41 00 00 00 00  00 00 00 00 00 00 00 00   RRaA
00008010  00 00 00 00 00 00 00 00  00 00 00 00 00 00 00 00
```

图 6-29   C 盘分区的 DBR 数据

（4）在后续进行的"55 AA"搜索中定位到了一些非 DBR 结构的扇区，可直接跳过不用理会，但是在 69 扇区找到了一个与 63 扇区一模一样的 DBR 记录，这条记录是 FAT32 文件系统的备份，同样不属于之后分区的 DBR。经过漫长的搜索过程，在扇区号为 10506510 的扇区找到了一个丢失分区的 DBR 记录，如图 6-30 所示。

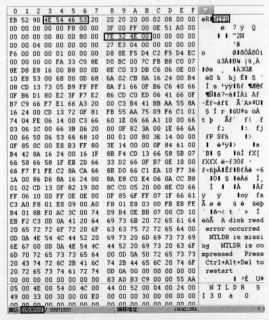

图 6-30   丢失分区的 DBR 记录

从图 6-30 中画框处得到 3 个重要参数，文件系统为“NTFS”，扇区所在位置“10506510”总扇区数（即磁盘分区的大小）“7E 32 4E 00（十六进制数）”。

（5）跳转回“0 扇区”鼠标左键单击工具栏中的“跳转到扇区”按钮，弹出的对话框设置方法如图 6-31 所示。

在分区表区域的第二条表项处，填写找回的丢失分区的 3 个重要参数，结果如图 6-32 所示。为了避免重复搜索到无效的十六进制数“55 AA”，从而更方便直接地找到丢失的“E 盘”的 DBR 起始位置，可使用计算法来定位。用“D 盘”分区的“起始位置”+“总扇区数”+1 扇区（FAT32 文件系统不需要加 1）=“10506510+5124734+1=15631245”。因此跳转到这个计算来的扇区数值结果如图 6-33 所示。

图 6-31　返回 0 扇区

000001A0	00	00	00	00	00	00	00	00	00	00	00	00	00	00	00	00
000001B0	00	00	00	00	00	2C	44	63	E4	37	CE	D5	00	00	80	01
000001C0	01	00	0B	FE	BF	8D	3F	00	00	00	CF	50	A0	00	00	01
000001D0	01	00	07	FE	FF	FF	0E	51	A0	00	7E	32	4E	00	00	00
000001E0	00	00	00	00	00	00	00	00	00	00	00	00	00	00	00	00
000001F0	00	00	00	00	00	00	00	00	00	00	00	00	00	00	55	AA

图 6-32　填回分区表结果

Offset	0	1	2	3	4	5	6	7	8	9	A	B	C	D	E	F
1DD0719C0	6D	70	72	65	73	73	65	64	00	0D	0A	50	72	65	73	73
1DD0719D0	20	43	74	72	6C	2B	41	6C	74	2B	44	65	6C	20	74	6F
1DD0719E0	20	72	65	73	74	61	72	74	0D	0A	00	00	00	00	00	00
1DD0719F0	00	00	00	00	00	00	00	00	83	A0	B3	C9	00	00	55	AA
1DD071A00	EB	52	90	4E	54	46	53	20	20	20	20	00	02	08	00	00
1DD071A10	00	00	00	00	00	F8	00	00	3F	00	FF	00	8D	83	EE	00
1DD071A20	00	00	00	00	80	00	80	00	4B	62	51	00	00	00	00	00
1DD071A30	00	00	04	00	00	00	00	00	24	16	05	00	00	00	00	00
1DD071A40	F6	00	00	00	01	00	00	00	90	42	FD	CC	62	FD	CC	10
1DD071A50	00	00	00	00	FA	33	C0	8E	D0	BC	00	7C	FB	B8	C0	07
1DD071A60	8E	D8	E8	16	00	B8	00	0D	8E	C0	33	DB	C6	06	0E	00
1DD071A70	10	E8	53	00	68	00	0D	68	6A	02	CB	8A	16	24	00	B4
1DD071A80	08	CD	13	73	05	B9	FF	FF	8A	F1	66	0F	B6	C6	40	66
1DD071A90	0F	B6	D1	80	E2	3F	F7	E2	86	CD	C0	ED	06	41	66	0F
1DD071AA0	B7	C9	66	F7	E1	66	A3	20	00	C3	B4	41	BB	AA	55	8A
1DD071AB0	16	24	00	CD	13	72	0F	81	FB	55	AA	75	09	F6	C1	01
1DD071AC0	74	04	FE	06	14	00	C3	66	60	1E	06	66	A1	10	00	66
1DD071AD0	03	06	1C	00	66	3B	06	20	00	0F	82	3A	00	1E	66	6A
1DD071AE0	00	66	50	06	53	66	68	10	00	01	00	80	3E	14	00	00
1DD071AF0	0F	85	0C	00	E8	B3	FF	80	3E	14	00	00	0F	84	61	00
1DD071B00	B4	42	8A	16	24	00	16	1F	8B	F4	CD	13	66	58	5B	07
1DD071B10	66	58	66	58	1F	EB	2D	66	33	D2	66	0F	B7	0E	18	00
1DD071B20	66	F7	F1	FE	C2	8A	CA	66	8B	D0	66	C1	EA	10	F7	36
1DD071B30	1A	00	86	D6	8A	16	24	00	8A	E8	C0	E4	06	0A	CC	B8
1DD071B40	01	02	CD	13	0F	82	19	00	8C	C0	05	20	00	8E	C0	66
1DD071B50	FF	06	10	00	FF	0E	0E	00	0F	85	6F	FF	07	1F	66	61
1DD071B60	C3	A0	F8	01	E8	09	00	A0	FB	01	E8	03	00	FB	EB	FE
1DD071B70	B4	01	8B	F0	AC	3C	00	74	09	B4	0E	BB	07	00	CD	10
1DD071B80	EB	F2	C3	0D	0A	41	20	64	69	73	6B	20	72	65	61	64
1DD071B90	20	65	72	72	6F	72	20	6F	63	63	75	72	72	65	64	00
1DD071BA0	0D	0A	4E	54	4C	44	52	20	69	73	20	6D	69	73	73	69
1DD071BB0	6E	67	00	0D	0A	4E	54	4C	44	52	20	69	73	20	63	6F
1DD071BC0	6D	70	72	65	73	73	65	64	00	0D	0A	50	72	65	73	73
1DD071BD0	20	43	74	72	6C	2B	41	6C	74	2B	44	65	6C	20	74	6F
1DD071BE0	20	72	65	73	74	61	72	74	0D	0A	00	00	00	00	00	00
1DD071BF0	00	00	00	00	00	00	00	00	83	A0	B3	C9	00	00	55	AA
1DD071C00	05	00	4E	00	54	00	4C	00	44	00	52	00	04	00	24	00

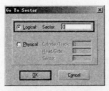

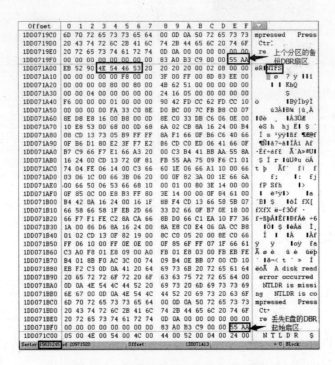

图 6-33　计算后得来丢失的 E 盘 DBR

将找到 E 盘的 DBR 填写回 0 扇区主引导记录的分区表中，填写结果如图 6-34 所示。

单击工具栏中的保存按钮或使用组合键 "Ctrl+S" 保存编辑后的操作，弹出如图 6-35 对话框，单击 "Yes"。打开磁盘管理器查看分区状态，如图 6-36 所示，为磁盘分区添加盘符，鼠标右键单击分区并选择弹出菜单中的 "更改驱动器号和路径"，如图 6-37 所示。

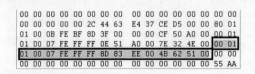

图 6-34　E 盘填回主引导记录　　　　　　　图 6-35　保存操作选择 "Yes"

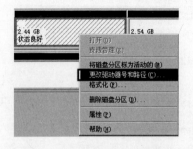

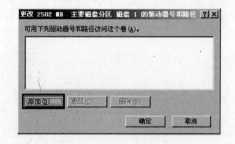

图 6-36　为分区添加盘符选择菜单　　　　　图 6-37　添加盘符路径

弹出的主要磁盘分区驱动号和路径的编辑对话框如图 6-38 所示。设置驱动器号，选择指派一下驱动器号，鼠标左键单击 "确定"。

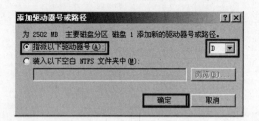

图 6-38　添加驱动器号或路径

当 D、E 两个分区都分完盘符后即可打开磁盘分区，原来丢失的分区得到了恢复，结果如图 6-39 所示。

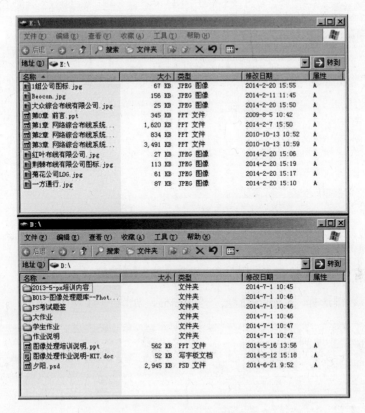

图 6-39　D 盘、E 盘恢复结果

6.3.5　R-Studio 软件

R-Studio 是一款功能超强的数据恢复、反删除工具软件，采用全新恢复技术，为使用 FAT12/16/32、NTFS、NTFS5（Windows 2000 系统）和 Ext2FS（Linux 系统）分区的磁盘提供完整数据维护解决方案，同时提供对本地和网络磁盘的支持，此外大量参数设置让高级用户获得最佳恢复效果。

例 8：使用 R-Studio 软件恢复数据

R-Studio 可以通过对整个磁盘的扫描，利用智能检索技术搜索到的数据来确定现存的和曾经存在过的分区以及它的文件系统格式。运行 R-Studio 后，程序可以自动识别到硬盘，读取其分区表并列举出现存的分区。

使用 R-Studio 软件进行恢复数据具体操作步骤如下。

（1）启动 R-Studio 软件，打开主界面，如图 6-40 所示，在左侧 Drives 列表中，选择需要恢复数据的盘符。

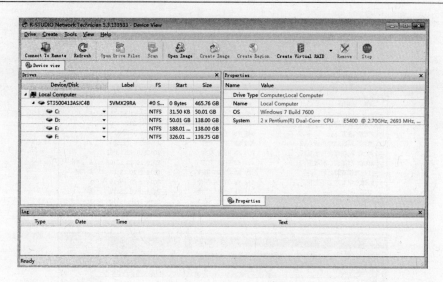

图 6-40 R-Studio 主界面

（2）右键选择 "Scan" 命令，开始扫描，如图 6-41 所示。

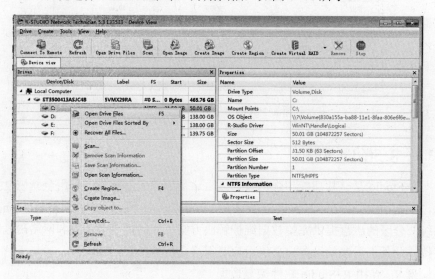

图 6-41 选择分区

（3）根据磁盘的文件系统相应选择即可，这样可以加快分析速度，扫描时，将扫描信息保存一下是一个好习惯，以后可以直接打开，无需再次扫描，选择保存位置的时候，不要选择待恢复数据的硬盘上的分区，如图 6-42 所示。C 盘刚扫描完的信息，左边绿色的表示扫描到的优质的分区结构，橘黄色表示次要可能的分区结构。

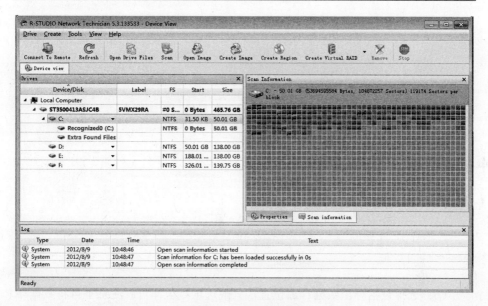

图 6-42　扫描信息统计

（4）R-STUDIO 目录列表中可以看到完整的文件夹结构，红色带 x 和问号的文件夹是以前人为或系统删除过的内容，如图 6-43 所示。

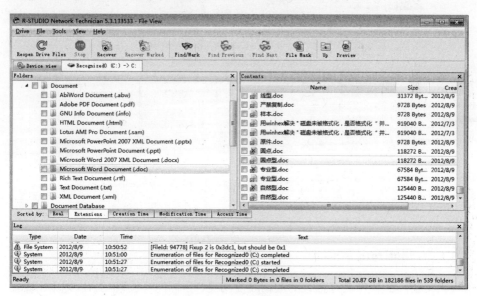

图 6-43　删除文件显示

（5）打开左边的文件目录表，然后勾选需要恢复的文件，如图 6-44 所示。

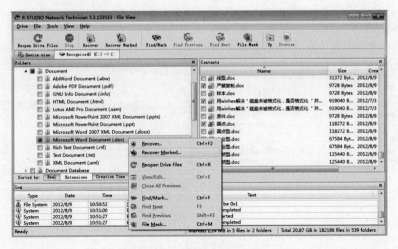

图 6-44 选择已删除文件

（6）选择设置导出数据存放位置，其他选项默认即可。注意不可将数据存放到待恢复的数据硬盘上，如图 6-45 所示。

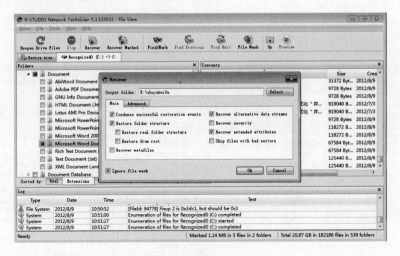

图 6-45 恢复目录设置

6.3.6 FinalData 软件

FinalData 软件具有强大的数据恢复功能，当文件被误删，FAT 表或者磁盘根区被病毒侵蚀造成文件信息全部丢失，物理故障造成 FAT 表或者磁盘根区不可读，以及磁盘格式化造成的全部文件丢失之后，FinalData 都能够通过直接扫描目标磁盘抽取并恢复出文件信息，用户可以根据这些信息方便地查找和恢复自己需要的文件。甚至在数据文件已经被部分覆盖以后，专业版 FinalData 也可以将剩余部分文件恢复出来。

例 9：使用 FinalData 软件恢复误删文件

FinalData 软件的运行有两种方式：向导方式和直接运行方式。

1．向导方式

具体操作方法：运行 FdWizard.exe，界面如图 6-46 所示，按照界面提示一步步完成数据恢复操作，使用非常方便。

图 6-46　FinalData 软件向导

2．直接运行方式

具体操作方法：运行 FINALDATA.exe，界面如图 6-47 所示，按照以下步骤完成数据恢复。

图 6-47　FinalData 软件向导

（1）扫描驱动器。选择主菜单"文件|打开"命令，选择误删文件的硬盘分区，如 C 盘，单击"确定"按钮，程序开始对 C 盘进行扫描，这个过程时间较长。如果修复文件不知在哪个分区中，可以在"选择驱动器"对话框中选择

"物理驱动器"选项卡，然后选择"硬盘 1"，单击"确定"按钮。弹出"扫描根目录"对话框，程序开始对分区进行扫描，实际上它在检查删除文件的一些信息。扫描完成后，弹出"选择查找的扇区范围"对话框。由于我们并不知道被删除的文件所在的具体位置，所以单击"取消"按钮。这时可以在程序左侧窗口中看到一些文件夹，在右侧主窗口中可以看到分区中的全部文件信息。

（2）恢复误删文件。在左侧文件夹列表中单击"已删除文件"，在右侧窗口中会显示该分区中所有被删除的文件。选择需要恢复的文件或目录，右击选择"恢复"命令，这时出现"选择要保存的文件夹"对话框，指定恢复文件的保存路径，随后单击"保存"按钮，删除的文件即可保存到指定文件夹中。值得注意的是，恢复文件不能保存在原删除分区，必须指定一个新的分区进行保存。

FinalData 可以先安装在操作系统中，遇到文件误删除后立即进行文件恢复工作。FinalData 还提供了无须安装、直接从 U 盘运行的功能。

FinalData 恢复单个丢失的文件只需要几秒钟时间，但是对整个硬盘进行恢复扫描的时间较长。在进行恢复操作时，可以一次恢复多个文件，可以进行子目录恢复，恢复后的目录结构依然保持不变。

6.3.7　数据恢复精灵

数据恢复精灵是一款基于 DiskGenius 内核开发，功能强大、简单易用的数据恢复软件，主界面如图 6-48 所示。用户可以恢复丢失的分区，恢复误删除的文件，恢复无格式化的分区，以及恢复因各种原因造成的分区被破坏而无法打开的情况；支持的存储介质主要有各种硬盘、U 盘、SD 卡、TF 卡、虚拟磁盘等；同时支持 Vmware、Virtual PC 和 VirtualBOX 虚拟磁盘文件；支持 FAT12/FAT16/FAT32/NTFS 文件系统。

图 6-48　数据恢复精灵软件主界面

例 10：使用数据恢复精灵恢复数据

针对以下常见的 U 盘数据丢失情况，相应数据恢复模式的具体选择如下。

（1）U 盘打不开提示格式或目录结构损坏、无法读取：选择"恢复分区内的文件"。

（2）误删除的 U 盘中的文件、剪切文件过程中文件丢失：选择"恢复已删除的文件"。

（3）不小心将 U 盘格式化了，U 盘数据全部丢失：选择"恢复分区内的文件"。

（4）U 盘分区表错误或损坏造成的 U 盘无法访问：选择"恢复整个磁盘的文件"。

选择合适的数据恢复模式后，就可以开始扫描丢失的数据了。无论使用哪种数据恢复模式，操作步骤都是很相似的，具体操作步骤如下：

（1）选择数据恢复模式后，需要用户选择丢失数据目录，即需要恢复数据的 U 盘，如图 6-49 所示。在软件界面左侧单击 U 盘，在右侧即可看到 U 盘的容量、文件系统、使用空间、簇大小等信息。

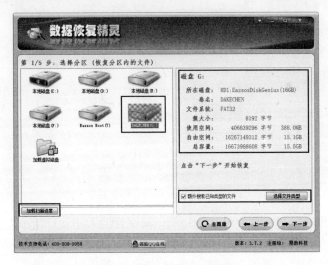

图 6-49　选择数据恢复模式界面

（2）数据恢复精灵支持按文件类型恢复文件，如果用户只是需要恢复某些特定类型的文件，比如 JPEG、MP3 等，可以只选择需要恢复的文件类型，如图 6-50 所示，这样可以节约扫描时间。

（3）单击"下一步"按钮，数据恢复精灵就开始扫描 U 盘，开始实际的 U 盘数据恢复操作，并进入搜索文件界面。文件搜索结束后，数据恢复精灵会列出待恢复的文件，如图 6-51 所示。

图 6-50　选择恢复文件的类型

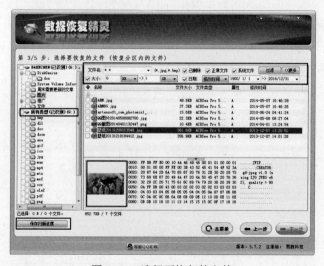

图 6-51　选择要恢复的文件

　　可以使用软件提供的文件过滤功能，对文件的大小、日期、类型等信息进行筛选，这样可以快速缩小范围，进而轻松找到需要恢复的文件。可以文件预览功能，对于图片、视频、音频、Word、Excel 等进行文件预览，找到需要恢复的文件。对于不能预览的文件类型，可以双击该文件，调出文件预览窗口，根据数据恢复精灵软件对该文件的文件头的判断，来推测该文件是否能正确恢复，如果文件头与文件类型相符，则一般情况下，该文件可以正确恢复。

　　数据恢复精灵提供强大的按文件类型恢复的功能，该功能对于有文件覆盖的情况可以有效地将未被覆盖的文件恢复。按文件类型恢复的文件是放在"所有类型"目录下。用该方法恢复的文件是以数字命名，并按类型分类放在不同的文件夹中，例如，Word 文档会放在 doc 和 docx 文件夹中。按类型恢复出来的文

件，是软件对存储介质进行底层深度扫描的结果，如果丢失的文件无法按原有
结构目录成功恢复，用户就需要查看"所有类型"中的数据，这里往往是 U 盘
数据恢复的最后一根救命稻草！

（4）找到需要恢复的文件后，用户可以勾选需要恢复的文件，然后单击"下
一步"按钮，将这些文件进行复制。单击"下一步"按钮，用户可以设置用来
存放文件的目标文件夹，如图 6-52 所示。

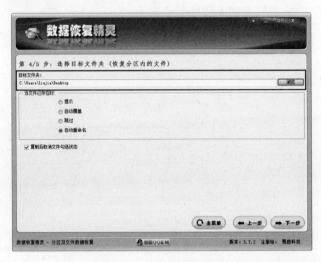

图 6-52　选择目标文件夹

（5）设定好目标文件夹后，继续单击"下一步"按钮，数据恢复精灵就开
始执行数据复制操作，如图 6-53 所示。

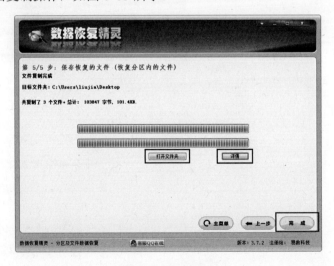

图 6-53　数据复制

（6）单击"打开文件夹"按钮，打开目标文件夹，用户可以看到恢复出来的文件；单击"详情"按钮，可以看到实际的数据复制情况；单击"完成"按钮，即可完成本次 U 盘数据恢复操作。

数据恢复精灵提供的是向导式操作界面，整个数据恢复过程都十分简单，不需要用户有太多的数据恢复经验。尽管 U 盘数据恢复操作非常简单，但是，数据恢复是一项亡羊补牢的工作，用户在日常操作处理数据时应谨慎认真、将重要数据多做备份，尽量避免数据丢失问题。

第 7 章　数据销毁技术

　　随着计算机、移动数码设备的日益普及，包括照片、视频、音乐等数据的安全问题已经成为人们关注的焦点。尤其是近年照片泄露等事件的曝光，使人们更加关注硬盘数据的安全。从专业角度讲，数据安全问题是计算机安全问题的核心，数据的加密、访问控制、备份与恢复、隐私保护等方面，无一不是以数据作为保护的对象。然而，政府机关、军队、企业和很多普通用户也面临着计算机上的机密文件删除时必须要彻底地销毁，不留一点痕迹，不能够被恢复，这就是数据销毁。

　　本章主要讲述数据销毁的概念和常用的数据销毁方法，并介绍几种常用的数据覆写软件及应用实例。

7.1　数据销毁基本概念

　　当不需要数据时，一般都是直接删除，因此删除操作是使用最频繁的功能之一。根据前面介绍的数据存储原理以及数据恢复的技术，不难看出，只要采用适当的方法，被删除了的数据就能被恢复。那么，如果要真正安全的销毁数据，又有什么方法？

　　数据销毁与数据恢复本是一对矛盾，如果数据删除不彻底，就有可能被恢复。如果彻底删除了数据，恢复的几率就很小，或者要花费巨大的代价。在军事信息存储领域，大量的保密数据存储在磁盘中，如果需要删除数据，就必须彻底，否则后果不堪设想。

1. 数据销毁的概念

　　诞生于 21 世纪初的数据销毁技术是涉密数据信息安全领域完整体系的形成标志，如果把"数据恢复技术"比作涉密数据信息安全领域的"矛"，那么"数据销毁技术"就是涉密数据信息安全领域的"盾"，而且"盾"的作用强于"矛"。许多政府机关、军工部队、涉密单位、研发中心、金融机构以及国家企业都有核心的机密数据，并且这些机构均担负着在数据信息生命周期过程中保护涉密数据和相关管理职责，而简单的删除、硬盘格式化、清零、覆盖等手段只能达到清理逻辑层数据的效果，不足以保证涉密数据的绝对安全。

　　为防止机密信息、军事情报、研发技术以及财务数据外泄，确保核心数据的绝对安全，国家机关、军队、涉密、军工、研发中心以及金融单位等相关机构在淘汰处理涉密存储载体时均会想尽一切办法彻底销毁涉密存储介质上的涉密数据信息，比如说对涉密硬盘数据采取弱磁、强磁以及化学方面的相关技术手段，实现涉密硬盘在逻辑以及物理层面的数据粉碎，达到完全脱密的目的，这就是在公众眼里具有一定神秘性的数据销毁技术。

数据销毁是指计算机或设备在弃置、转售或捐赠前必须将其所有数据彻底删除，并无法复原，以免造成信息泄露，尤其是国家涉密数据。数据销毁一般分为硬销毁和软销毁。硬销毁是根据涉密载体的物理特性和化学特性，采取切割、溶解、化浆、打磨、焚化、熔化、压轧和消磁等方法，对涉密载体进行销毁。硬销毁的基本原理是将涉密载体的体积分解到足够小，从而使载体颗粒体积小于最小的数据存储单元，达到彻底销毁的目的。硬销毁费时费力，对某些销毁安全要求比较高的涉密载体要先进行软销毁，再进行硬销毁。软销毁也称逻辑销毁，是根据涉密载体的存储特性，采取数据写覆盖的方法，对涉密载体进行信息消除。软销毁适用于能正常工作的磁介质和半导体介质。经软销毁后的载体能继续使用，是一种经济安全的方法。

2. 数据销毁中存在的问题

纵观欣欣向荣的电子市场，会发现信息的存储载体发生了质的变化，人们不用再背着厚重的书籍资料，取而代之的则是移动硬盘、U盘、存储卡、记忆棒等各种存储介质。一张小小的存储卡可以存储相当于一个图书馆的资料信息，给我们的工作学习带来了很大的便利，但是这些存储介质的保存与管理也给我们带来了新的难题。

美国麻省理工学院的两名研究生发现，不少被废置或转手的计算机硬盘仍存储着最初用户的大量个人或公司信息，非常容易导致信息泄露。这两名研究生为了进行这一研究，从网上购买了158个二手硬盘。在尚可使用的129个硬盘中，有69个仍存有可复原文件，有49个存有"相当多的个人信息"，包括医疗函件、情书、色情作品和5000个信用卡号码。涉密存储介质管理体制和技术的不完善引发的泄密事件屡屡发生。2007年某军工企业保密委的涉密计算机出现故障，由于此计算机正在保修期间，计算机管理员请原厂的业务员前来维修，此外资企业的业务员为其更换了新的硬盘，并将换下的硬盘带回原厂，使这块存有大量涉密信息的硬盘在众目睽睽之下离开了军工单位；2006年6月，富士康集团旗下的两家子公司以盗取商业机密为由起诉比亚迪股份有限公司，关键证据就是一块存有双方文件资料的硬盘；2008年，某企业总经理笔记本遗落于某公共场所，造成公司4000多份客户资料、大量公司内部文件丢失的不可挽回的严重后果。可见，存储介质作为存储信息载体的同时总是在扮演着泄密载体的角色。

机关事业单位办公依赖计算机、硬盘、U 盘、光盘、磁带、相机、手机、存储卡等存储介质，而对废旧的存储介质处理存在很多泄密弊端。部分单位或者个人简单格式化删除信息甚至不进行处理，就把废旧的计算机、硬盘等转送他人或者作为废品出售。未经过专业消磁、销毁等处理流程被随意处置，介质内的信息完全可以全部恢复、二次利用或者转手到有心人手里，很容易造成信息泄露，尤其是国家机关、军队、科研单位的废旧介质内存涉密信息一旦泄露或丢失，后果不堪设想。所以，对损坏、废弃存储介质进行专业的数据销毁是防止信息泄露的关键环节。

涉密数据的清除与销毁作为信息安全的重要组成部分，已经引起国家和相关单位的重视，2000 年，《中共中央保密委员会办公室、国家保密局关于国家秘密载体保密管理的规定》第六章第三十四条规定"销毁秘密载体，应当确保秘密信息无法还原"；国家保密局推出 BMB21-2007《涉及国家秘密的载体销毁与信息消除安全保密要求》，标准规定涉密载体消除和涉密信息消除的等级、实施方法、技术指标以及相应的安全保密管理要求，国家保密局和军队还要求涉密硬盘磁带信息销毁前不得带离办公区。

7.2　数据销毁的基本方法

在日常生活和工作中，存储在存储设备中的数据文件经常需要写入、读出和删除等操作，而最基本的数据销毁方法主要有以下几种。

1. 直接删除

利用各种删除命令去删除存储介质中的数据，而这并没有真正将数据从存储介质上删除，只是将文件的索引部分删除而已，这样操作系统认为文件已经删除了，所占的空间可分配给其他文件。

2. 格式化

不同的操作系统有不同的格式化程序，如操作系统命令格式化、快速格式化、分区格式化等。格式化是为操作系统创建一个全新的空的文件索引，将所有的扇区标记为"未使用"的状态。大多数情况下，格式化不会影响到硬盘上的数据。

3. 硬盘分区

对于"硬盘分区"这一操作，操作系统也只是修改了硬盘主引导记录和系统引导扇区，绝大部分的数据区并没有被修改，没有达到数据销毁、数据擦除的目的。

4. 使用文件粉碎软件

为满足用户彻底删除文件达到数据销毁、数据擦除的的需要，网上出现了一些专门的所谓文件粉碎软件，一些反病毒软件也增加了文件粉碎、数据销毁、数据擦除的功能。不过这些软件大多没有通过专门机构的认证，其可信度和安全程度都值得怀疑，用于处理一般的私人数据还可以，而不能用于处理带密级的数据。

7.3 数据销毁的安全方法

上述介绍的销毁数据的方法并不能安全地把存储介质中的数据清除，可以通过各种方法使已删除了的数据进行恢复。彻底销毁存储介质中的数据，可以通过以下方法实现。

1. 覆写数据

覆写数据是将非保密数据写入以前存有敏感数据的存储位置的过程。硬盘上的数据都是以二进制的"1"和"0"形式存储的，使用预先定义的无意义、无规律的信息覆盖硬盘上原先存储的数据，完全覆写后就无法知道原先的数据是 0 还是 1，也就达到了清除数据的目的。采用不同类型的数据，对要删除的数据的存储位置进行多次覆写的方法，是安全删除数据的有效途径，处理后的硬盘可以循环使用，适应于密级要求不是很高的场合。特别是需要对某一具体文件进行删除而其他文件不能破坏时，这种方法更为可取。覆写软件必须能确保对介质上所有的可寻址部分执行连续写入，如果在覆写期间发生了错误或坏扇区不能被覆写，软件本身遭到非授权修改时，处理后的硬盘仍有恢复数据的可能。因此，该方法不适用于包含高度机密信息的硬盘、U 盘和磁带，同样也不适用于有故障的硬盘或磁带，且费时较长。

2. 消磁

消磁操作通常借助消磁机来实现。消磁机的工作原理是对磁性存储介质（如硬盘、磁带）施加瞬间强磁场，使介质表面的磁性颗粒极性方向发生改变，失去表示数据的意义。

此外，硬盘消磁还需要考虑的一个重要问题就是剩磁效应。由于磁介质会不同程度地永久性磁化，所以磁介质上记载的数据在一定程度上是抹除不净的。同时，每次写入数据时磁场强度并不完全一致，这种不一致性导致新旧数据之间产生"层次"差。剩余磁化及"层次"差都可能通过高灵敏的磁力扫描隧道显微镜探测到，经过分析与计算，对原始数据进行"深层信号还原"，从而恢复原始数据。

3. 物理销毁

采用物理破坏或化学腐蚀的方法把记录有涉密数据的物理载体完全破坏掉，从而从根本上解决数据泄露的问题。常见的物理破坏方法有焚化、熔炼和粉碎等。物理破坏需要特定的环境和设备，且费时、费力、效果差、有污染，基本未被广泛采用，但适用于包含高度机密信息的硬盘和磁带等介质的数据销毁。

7.4　数据销毁应用实例

安全地销毁存储介质中的数据，目前大都采用覆写数据的方法，其他两种方法由于需要一些附加硬件设备而使用较少，只在一些安全部门使用。而大多数用户需要重复使用存储介质，往往采用各种软件工具进行覆写数据，达到彻底删除数据的目的。下面介绍几种典型的软件工具。

7.4.1　使用 Clean Disk Security 彻底删除文件数据

Clean Disk Security 是一款彻底删除文件、不留痕迹的软件。普通的删除有许多特殊工具可以把以前删除的文件找回来，所以并不是清空回收站就可以放心了。这款软件有两种功能：第一种功能是"清理硬盘的可用空间"，让被删除的文件不会有被"找回来"的计划，这个清除的动作不会对现有文件有任何影响。第二种功能是完全擦除现有文件，它结合了删除及清除文件的动作，直接将文件从磁盘上"抹去"。经过此软件"抹去"的文件就再也不能被"找回来"。

使用 Clean Disk Security 彻底删除文件数据的具体操作步骤如下。

（1）启动 Clean Disk Security 软件，打开主界面，如图 7-1 所示。

图 7-1　Clean Disk Security 主界面

（2）在"要清除的驱动器"的下拉列表框中选择相应的盘符。

（3）在对象栏中选择需要删除的对象类型，共 10 项，用户可根据要操作的对象进行选择。

（4）对于"方法"选项有 4 种选择，根据需要选择一种，一般选前两种。

（5）单击"清理"按钮，开始进行清理操作。

（6）单击"查看"按钮，打开"直接查看磁盘"对话框，如图 7-2 所示。如果选中左上角的"磁盘"选项，则下方显示磁盘信息及数据使用情况，可以通过滚动条查看盘中不同位置的数据使用情况；如果选中左上角的"目录"选项，打开如图 7-3 所示对话框，此界面中可看到相应位置的文件的列表（包括已经删除的），选中需要彻底删除的文件，单击下方的"删除"按钮即可进行安全删除。

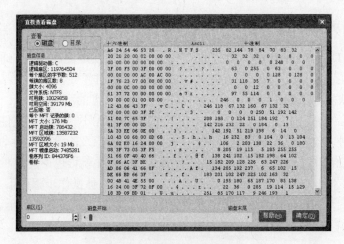

图 7-2　直接查看磁盘界面

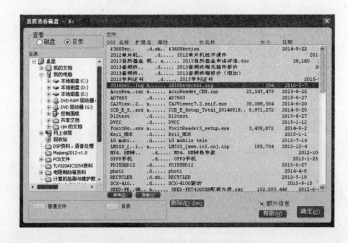

图 7-3　查看磁盘目录界面

7.4.2　使用 WinHex 彻底删除文件或填充区域

WinHex 软件介绍请参考 6.3.4 节，在此不再赘述。

使用 WinHex 工具彻底删除文件具体操作步骤如下。

（1）启动 WinHex 软件，选择主菜单"文件|打开"命令，打开需要修改的文件，主界面中显示相应文件的十六进制代码，如图 7-4 所示。

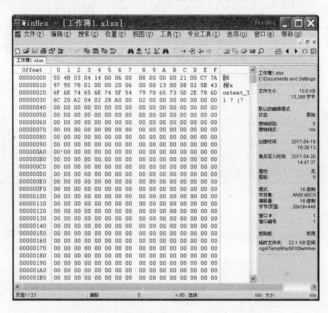

图 7-4　相应文件的十六进制代码

（2）选择主菜单"编辑|全选"命令，选中文件的十六进制代码，然后单击工具栏中"修改数据"按钮，弹出"修改选块数据"对话框，在对话框中选择需要的修改方式，如图 7-5 所示。

（3）单击"确定"按钮，即可完成对文件的十六进制代码的修改，从而达到销毁文件的目的。

图 7-5　WinHex 软件数据修改界面

7.4.3　使用 Absolute Security 擦除数据文件

Absolute Security 是一款专门针对文件和文件夹进行安全删除操作的软件，具有可视化操作界面，方便易用。Absolute Security 中的 Wipe 功能可用于彻底删除文件，被删除的文件目录区将被 Absolute Security 随机地用字符全部覆盖，无论在 Windows 还是 DOS 下用反删除工具都无法恢复。

使用 Absolute Security 工具删除文件具体操作步骤如下。

（1）启动软件，其主界面如图 7-6 所示，选择"Wipe"选项，然后选择某个磁盘的文件夹，单击"Add"按钮将此文件夹放到右侧的列表框中。提示是否包含子目录，单击"Yes"按钮。

图 7-6　Absolute Security 软件文件选择界面

（2）单击"OK"按钮，弹出对话框，在对话框中输入反复进行删除操作的次数，如图 7-7 所示，单击"Yes"按钮，彻底删除该文件。

图 7-7　Absolute Security 软件删除界面

7.4.4　利用分区助手实现文件的彻底删除

分区助手专业版是一款简单易用且免费的磁盘分区管理软件。通过分区助手可以无损数据地执行调整分区大小、移动分区位置、复制分区、复制磁盘、合并分区、切割分区、恢复分区、迁移操作系统等操作。

使用分区助手实现文件的彻底删除具体操作步骤如下。

（1）启动"分区助手"软件，打开主界面，如图 7-8 所示。

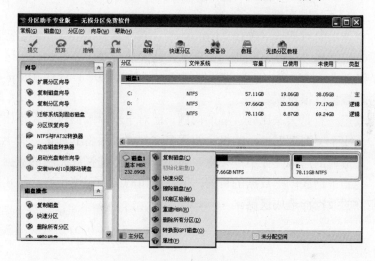

图 7-8　分区助手主界面

（2）在主界面中的列表框中选择所需清除的硬盘并右击鼠标，在弹出的菜单中选择"清除硬盘"选项。弹出一个窗口，输入写入的次数，最多为 100 次。清除的次数越多在执行时所花的时间也将越多。

（3）单击"确定"按钮，完成所指定硬盘（如硬盘 1）上的所有分区的删除。同时在等待执行的操作列表中多了一项"清除硬盘 1 所有数据"的操作。单击工具栏中"提交"按钮，在弹出的对话框中单击"执行"按钮，完成硬盘数据的彻底清除。

该工具不仅可以彻底删除硬盘上的所有数据，同时也可以彻底删除分区（如 D 盘、E 盘）的所有数据，其操作方式与清除硬盘操作相似。

7.4.5　使用 DM 软件写入 0

DM 是由 ONTRACK 公司开发的一款老牌的硬盘管理工具，在实际使用中主要用于硬盘的初始化，如低级格式化、分区、高级格式化和系统安装等。由于功能强劲、安装速度极快而受到用户的喜爱。但因为各种品牌的硬盘都有其特殊的内部格式，针对不同硬盘开发的 DM 软件并不能通用，这给用户的使用带来了不便。DM 万用版彻底解除了这种限制，它可以使 IBM 的 DM 软件用于任何厂家的硬盘。

利用该软件的功能可以将硬盘所有数据区全部都写成 0，其具体操作步骤如下。

（1）通过光盘工具启动计算机，根据提示启用 DM 万用版，选择"（A）dvanced Options"后按回车键，弹出对话框，在对话框中选择"（M）aintenceance Options"选项后按回车键。

（2）在弹出的对话框中选择"Utilities"选项，选择需要操作的磁盘，在弹出的对话框中选择"Zero Fill Drive"选项，此操作会将硬盘的所有扇区上写入"0"。操作完成后，硬盘中所有的数据都写入了数字"0"，就像新买的硬盘一样，其中原数据就很难恢复了。

数据安全一直是大家比较关心的问题，而对于删除数据也是大家比较容易忽视的一个安全"漏洞"，一些机密的重要文件如果不将其真正意义上地"彻底删除"，造成的后果往往不堪设想。而通过以上方法彻底删除的数据由于不可恢复，达到了彻底删除数据的目的，但在使用时必须谨慎小心，防止删除一些不能删除的数据而造成遗憾。

第8章 基于实物仿真的装备维修训练

维修训练是装备保障的重要组成部分，由于信息装备结构复杂，技术含量高，价格昂贵，无法保证训练使用装备的数量，且基于安全的考虑，难以在实际装备上模拟故障，因此信息装备维修训练一直是装备维修训练的难点。目前装备维修训练的方式主要有以下几种：实际装备维修训练、采用挂图与维修手册训练、采用视频教学训练、采用模拟器训练、采用虚拟维修训练等。其中，采用模拟器训练和虚拟维修训练是当前研究的重点和热点问题。当前许多学者，特别是军内科研人员正在这些领域进行研究和实践，对于新装备在列装部队之前，先采用模拟器进行维修训练，难点是故障设置和再现无法进行，而虚拟维修训练还有很多技术难以解决。因此，装备维修训练方式还没有通用的训练方法，还需进行更实用的研究。本章针对信息装备维修训练的特点，以某型两栖步战车上的驾驶员任务终端为例，设计了一种基于实物仿真的维修训练系统，即以实际装备为模型，构造仿真平台，在该平台上进行维修训练，满足日益增长的信息装备维修训练需要。

本章主要以某型两栖步战车上的驾驶员任务终端为例，来说明车载计算机终端的维修检测过程。

8.1 维修训练研究现状

目前装备维修训练的方式主要有以下几种。

1. 实际装备维修训练

这种训练方式是在实际装备上进行维修操作，训练即维修，学员联系实际，技术掌握快，但随着装备信息化程度的提高，许多高技术应用于装备，对维修人员提出了更高的素质要求，不适应性越来越严重；装备结构复杂、种类繁多、价格昂贵，不可能保证训练装备的数量；对于信息装备，可靠性提高，很少出故障，因而维修训练的机会很少；学员具有畏惧心理，不敢动手维修。

2. 采用挂图、维修手册训练

这种训练方式通常用于理论学习，熟悉装备的一般工作原理、基本组成和简单维修知识等，简单、便利。但维修人员只是通过文字、图片等直观描述维修知识，维修人员很难构造维修真实情景，对于初学者的技能提高比较困难。

3. 采用视频教学训练

这种训练方式较为经济、直观，可以使学员身临其境。但受到视频材料的取材、取景、制作等过程限制，学员只能被动接受，没有动手能力的培养，况且有些维修工具需要学习，因而训练教学缺乏自主性，达不到维修训练的训练效果。

4. 采用模拟器训练

这种训练方式解决了实际装备维修训练教学的部分问题，特别是对于电子装备，通过构造模拟器，可实现全功能模拟，具有逼真、针对性强等特点，大大提高了训练效果。目前对于大型复杂电子装备大都采用模拟器训练教学方式。但制造模拟器价格高昂，故障不可随意设置。

5. 采用虚拟维修训练

这种训练方式是虚拟现实技术在维修训练中的应用。通过构造各种实物模型，在计算机仿真环境中进行虚拟维修。学员在虚拟环境中完成装备内部构造的认知、部件的拆装、故障维修与过程的再现。学员可无限次的操作而不损坏部件，达到较好的训练效果，显著降低训练费用。目前这种训练方式已成了研究热点，具有较好地发展前景，但目前还有许多技术需突破；另外虚拟环境与现实有差别，对维修能力的尽快培养仍然存在一定的局限性。

当前所采用的维修训练方式，各有自己的优缺点，都有存在的应用场合。对于信息装备来说，考虑到实际情况，本章采用模拟器训练与实物训练相结合的方式，即基于实物仿真的维修训练方式。这种方式通过对实际装备的分析，找出装备中各部件的功能特征、信号特征及故障特征等，根据这些特征设计出仿真部件，构造成实际装备的仿真系统，它与实际装备具有相同的使用界面和类似的维修操作。教学人员与维修受训人员可以在实物仿真系统上进行维修训练教学。

8.2　基于实物仿真的维修训练系统

8.2.1　设计思路

维修训练系统由 4 部分组成：主控器、实物仿真器、故障注入控制器和信号发生器，如图 8-1 所示。

实物仿真器与原装设备具有相同的内部结构及显示操作界面，内部的仿真板与实际装备相对应，各仿真板完成的主要功能有两部分：①仿真实际装备内部各板块的功能特征,并产生相应的输入和输出信号。②接收故障注入控制器发来的故障设置命令而完成相应的设置故障的操作。

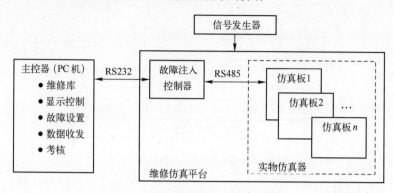

图 8-1　维修训练系统原理框图

故障注入控制器接收主控器的各种操作命令,用于对实物仿真器的各仿真板进行故障设置控制。故障注入控制器和实物仿真器构成维修仿真系统平台,可进行原理认知、拆装训练、故障维修等训练。由于实物仿真系统与原装备具有相同的模块结构和信息流,可进行原理认知和拆装训练;可通过注入故障方法从维修库中调入故障设置信息,实物仿真系统可显示故障状态,维修受训人员通过加入检测工具进行故障检测,然后进行定位维修过程训练。

主控器部分主要完成系统的故障点设置、维修过程训练和训练效果评估等功能。硬件上由上位机和接口适配板组成。上位机运行维修训练软件,完成系统的界面控制、故障设置控制、各种数据的收发控制等。接口适配板与各仿真板之间采用串行总线进行连接,同时设计相应的协议应用于整个维修训练系统,保证了各个模块之间通信的畅通。

信号发生器用于实物仿真器所需的各种输入信号。在进行维修训练时,不仅要训练维修人员对故障的认知能力,还要训练维修人员对故障的排错能力。信号发生器产生输入激励引导维修人员检测故障并逐步排除故障,以辅助装备维修。

8.2.2　训练模式设计

针对受训者受训层次和水平的不同,应当采取不同的训练方法、训练途径和训练手段。按照熟悉、获取、实践、确认的认知模型,可以将维修训练过程分为熟悉和掌握维修知识和技能、实践练习和维修能力确认,即可以用学习—练习—考核来简单描述维修训练过程。本系统结合实际将训练模式划分为学习演示、教员指导、自主训练和考核模式 4 种,如图 8-2 所示。

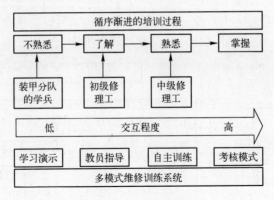

图 8-2　多模式维修训练

1. 学习演示

系统提供所选维修任务的相关理论知识介绍，并由教员演示该维修任务执行的流程和方法。受训者主要通过"听"和"看"熟悉维修任务、获取相关知识，是被动的知识接受者。

2. 教员指导

教员指导是在维修训练过程中，受训人员在教员或系统给予的一定的提示和引导下完成维修活动的训练方式，其过程与标准维修过程基本一致，不同点在于系统以适当方式分步给出维修过程的相关知识描述和维修提示信息，直至整个维修任务顺利完成。

对于原理认知和部件拆装训练，主导是教员，通过教员的讲解与演示，使受训人员了解装备的功能特点、信息流向、拆装过程及注意事项等。

对于故障维修训练，从维修故障库中选择一个故障进行设置，通过故障注入后在实物仿真系统平台上出现故障设置后产生的故障现象，随着故障现象的产生，操作提示窗口就会产生针对这个故障现象的诊断树及操作提示文本，并在显示控制器上显示故障检测与维修的过程步骤，在教员边讲解边演示的进程中完成故障维修的过程。

3. 自主训练

自主训练是指受训者在没有提示信息情况下执行维修活动。自主训练模式中操作过程与实际系统的维修完全一致，系统不主动提供相关维修知识和帮助信息，但受训者可通过请求获取系统帮助。

4. 考核模式

考核模式是指受训者在没有提示和帮助的情况下，自主完成维修任务。系统将对维修操作过程和情况进行记录，并根据记录生成训练效果评价报告，以考评受训者的训练效果。

8.2.3　故障注入模块设计

故障注入模块由 3 个部分组成：主控器、故障注入控制器和仿真板故障执行单元，如图 8-3 所示。主控器（PC 机）负责生成故障，它可根据用户的需要，依据故障库灵活地生成各类故障，并形成命令序列数据，通过串行总线传送给故障注入控制器。故障注入控制器控制实物仿真器中各种状态并解释输入命令控制各仿真板的故障执行单元的故障设置。实物仿真器中各仿真板的故障执行单元负责提取各类故障信息并触发故障。

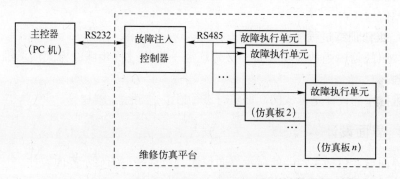

图 8-3　故障注入模块框图

故障设置采用模拟开关的方式实现，如图 8-4 所示。正常状态模拟开关闭合至正常输入，断线或无输出对应着模拟开关处于悬空状态，对地短路对应着模拟开关闭合至地线上，某一固定值故障对应着开关闭合至某一固定电压处。

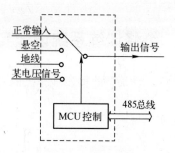

图 8-4　故障等效模型

故障注入模块的设计是本系统设计的重点，采用软、硬件设计相结合的方式，可以实现故障的任意设置、再现与恢复，这是模拟器及实际装备维修训练无法实现的，极大地提高了维修训练的效率，也激起了受训人员的学习兴趣。

8.2.4 维修库设计

维修库设计包括故障库、帮助资料库和维修训练过程演示。

1. 故障库

故障库中包括故障现象、故障原因、诊断树。每个故障现象对应有多个故障原因和一个诊断树。

2. 帮助资料库

帮助资料库包含受训人员用于分析故障产生原因的帮助资料。一般有装备的各种信息文本。

3. 维修训练过程演示

按照故障库中故障点设置—故障现象—维修过程步骤的方式演示维修训练过程。

维修库的设计是开放的，可随时进行修改、删除、增加等。

8.2.5 界面设计

界面设计包括主控器的显示界面设计、仿真终端的显示界面设计。

1. 主控器的显示界面设计

主控器是整个系统的控制中心，显示界面完成各种操作命令的收发、故障设置与处理、操作信息提示、操作结果显示等。

2. 仿真终端的显示界面设计

仿真终端的界面与实物终端的界面一致，模拟实物终端的各项操作流程，显示相关的图形与数据信息。

8.3 维修训练系统设计实例

依据 8.2 节的设计思路，以某型两栖步战车上的驾驶员任务终端为例说明维修检测与维修训练过程。

8.3.1 基本构成

驾驶员任务终端属于车载一体计算机，其外型如图 8-5 所示。驾驶员任务终端完成状态指示信号、报警信号输入和仪表模拟信号采集，将工况数据、车况数据信息等仪表信息显示，实现传统仪表功能；连接驾驶员辅助潜望镜，实现电视辅助驾驶功能；提供战场电子地图，连接车长任务终端，接收车长指挥命令及报告车辆工况；接收、显示车辆定位导航信息及战场态势功能；连接ZCK-1 操纵控制器、滑板控制盒等，实时接收并显示控制器工作状态及车况监测和报警功能。

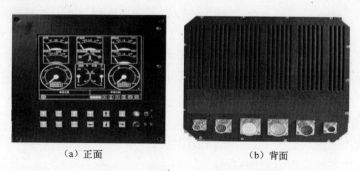

（a）正面　　　　　　　　　（b）背面

图 8-5　驾驶员任务终端外形图

1. 基本组成

驾驶员任务终端的内部组成框图如图 8-6 所示，主要由以下部分组成。

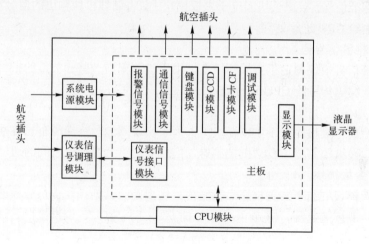

图 8-6　驾驶员显示终端内部组成框图

1）液晶显示器

10 寸彩色液晶显示器用以显示虚拟仪表、报警及状态信息、CCD 视频图像、电子地图、发动机控制器状态信息等。

2）电源开关及指示灯

电源开关及指示灯并排位于装置正面、操作按键的右侧。电源开关用以控制本装置的供电，指示灯（在开关左侧）用以指示本装置的供电情况。开关指示灯下面的是报警指示灯，当有报警信息时，此指示灯变红且闪烁。

3）按键

驾驶员终端按键位于装置正面、显示屏下部，共 12 个，按 6 列 2 行布局，分别为陆上、水上、导航、监测、输入、归位、放大、←（左移）、↑（上移）、↓（下移）、缩小、→（右移），用于对显示内容的操作。

4）电缆插座

电缆插座采用 YMA、YMG 系列圆形连接器，位于装置后部，共 6 个，分别为电源电缆插座、调试电缆插座、仪表信号电缆插座、报警信号电缆插座、通信信号电缆插座、CCD 视频信号电缆插座。

5）系统电源模块

系统电源模块安装于装置机箱后箱舱内，用以将车上电气系统提供的 24V 电源转变为本装置所需要的电源。

6）仪表信号模块

仪表信号模块包括仪表信号调理模块和仪表信号接口模块，其中调理模块安装于装置机箱后箱舱内，用以将各传感器信号及车况信号转换为接口模块所要求的标准信号；接口模块固定于主板模块上，将调理模块输出的信号经采集、编码传输给 CPU 进行处理。

7）报警信号模块

报警信号模块固定于主板模块上，用于检测车内一些开关量的报警信号，经采集、编码传输给 CPU 进行处理。

8）通信信号模块

通信信号模块固定于主板模块上。用于实现驾驶员终端与车长终端、滑板控制器、操纵控制器、发动机控制器、信息处理单元等部件之间的通信。

9）主板模块

主板模块安装于装置机箱后箱舱内。主要是给其他模块提供载板的功能，其自身实现按键监测、CCD 视频信号捕获、CF 卡接口、调试接口、液晶显示等功能。

10）CPU 模块

CPU 模块固定于主板模块上。采用 ETX 嵌入式主板用以处理、显示、存储各种输入/输出信息，是整个装置的核心。

2. 主要技术指标

CPU 主频：266MHz

内存：64MB

Flash 硬盘：16MB

数据存储盘：32MB

显示器：10.4"彩色液晶屏，分辨率为 640×480

工作电源：26V±6V

功耗：≤75W

8.3.2　故障模式

要分析驾驶员任务终端的故障模式，首先需要分析实装中各模块的功能、原理及其实现方式，并依据相关维修人员的专家经验知识，分析驾驶员任务终端中可能存在的故障点、原因及现象。下面将对每个模块的故障模式进行分析。

1．电源模块

驾驶员任务终端系统电源部件由 3 部分组成：EMC 模块、电源适配器（ADP）、电源转换（DC–DC）模块。EMC 模块的功能是保证终端的电磁兼容性，它既能够使外界的输入电压不对终端进行干扰，同时也可实现终端不会干扰外界其他设备的运行，EMC 模块能够实现终端的防冲击电压、防静电、防雷击等功能。电源适配器模块用于产生系统各模块所需要的电压，将 EMC 模块输出+24V 电压转换成+12V、–12V、+5V，以供其他模块使用。电源转换模块将+24V 电压转换成液晶显示器所需的+12V 电压，提供视频采集板及液晶屏的工作电压。

系统电源部件的连接关系图如图 8-7 所示，由图可知，EMC 模块、电源适配器、电源转换模块都连接至主板电源插座，主板可方便地提供各模块所需的电压信号。

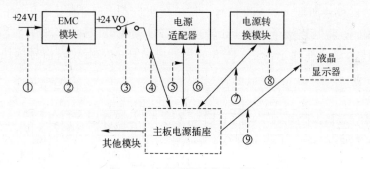

图 8-7　电源系统连接关系图

分析系统电源部件之间的连接关系图及其工作原理，可知电源模块可能发生故障的部位有 9 处，包括 EMC 模块、电源适配器、电源转换模块等内部电路故障，及各处连接线缆故障。

①处为+24V 输入线缆，有 2 根线，分别为+24V 输入线和地线，可能存在的故障为输入线断线；

②处为 EMC 模块，输出+24V 电压，可能出现的故障为断线、无输出、对地短路；

③处为开关，控制+24V 的输出线，可能出现开关失效；

④处为 EMC 的输出线，有 2 根线，可能出现的故障为断线或对地短路；

⑤处为电源适配器连接线缆，总共有 5 根线，分别为+24V 输入线、+12V 输出线、−12V 输出线、+5V 输出线以及地线，可能出现的故障为各线缆断线或对地短路；

⑥处为电源适配器，可能出现的故障为内部各电源转换模块的断线、无输出、对地短路；

⑦处为电源转换模块连接线缆，总共有 3 根线，分别为+24V 输入线、+12V 输出线（供液晶显示器）以及地线，可能出现的故障为各线缆的断线或对地短路；

⑧处为电源转换模块，可能出现的故障为电源转换模块的断线、无输出、对地短路；

⑨处为从主板电源插座输出至液晶显示器的电源线缆，总共有 2 根线，+12V 输出线（供液晶显示器）以及地线，可能出现的故障为各线缆的断线或对地短路。

2. 仪表信号模块

驾驶员任务终端仪表信号模块包括仪表调理模块和仪表接口模块，其中调理模块负责将由 35 芯的接口线缆传输的各传感器信号及车况信号进行隔离，并转换成接口模块所要求的标准信号，接口模块负责将调理模块输出的信号进行采样、编码，将其连接至总线上，转换成 CPU 模块可识别的信号，然后通过虚拟仪表技术显示在显示器上。图 8-8 为驾驶员任务终端仪表信号模块的原理框图。

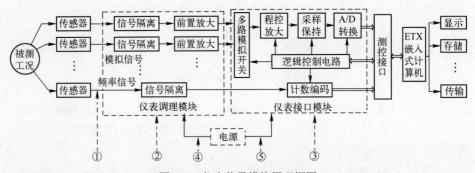

图 8-8　仪表信号模块原理框图

驾驶员任务终端的仪表模块传感器如图 8-9 所示，其中温度传感器、压力传感器、角度传感器、电压传感器、电流传感器都为电压信号，通过电压跟随器跟随信号线上的电压值，然后经运算放大器进行调理放大，接着经 A/D 采集编码，通过总线传输给 ETX 主板；而车速传感器和转速传感器为频率信号，通过光电耦合器进行隔离之后，经计数器计数，传输给 ETX 主板。各传感器信号最后经虚拟仪表显示。

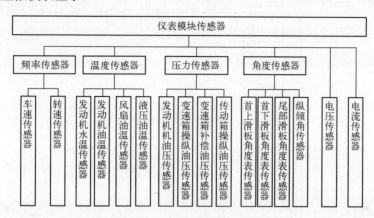

图 8-9　仪表模块传感器

通过分析仪表模块的原理，可知仪表模块可能发生的故障部位有 5 处，包括仪表信号接口线缆故障、仪表调理板、仪表接口板内部电路板故障和 2 根电源线缆故障，如图 8-8 所示。

①处为仪表信号接口线缆，由 35 芯电缆线组成，连接了从各种传感器传输过来的信号，可能存在的故障为电缆线断线或短路；

②处为仪表调理模块，将传感器传输过来的信号进行隔离、放大，可能出现的故障为断线或无输出、与地线短路、信号线与电源线短路、某通道元件故障；

③处为仪表接口模块，将调理模块传输过来的信号进行采集、编码等，转换成数字信号传输给主机，可能出现的故障为断线或无输出、与地线短路、信号线与电源线短路、某通道元器件故障；

④处和⑤处分别为调理模块和接口模块的供电线缆，都有 4 根线缆，分别为+12V、-12V、+5V 以及地线，可能出现的故障为各线缆断线或对地短路。

3．报警信号模块

报警信号模块对车内一些报警信息进行监测，如载员室进水、动力舱进水、毒剂报警等。图 8-10 为报警信号模块的原理框图，41 芯的接口线缆将传感器采集的报警信号传输至报警板上，经采样、编码之后发送给 CPU 模块，通过程序处理之后显示于液晶屏上，其工作原理与仪表信号模块类似，只是仪表信号模块采集的是连续的、模拟的传感器信号，而报警信号模块采集的是开关量信号。

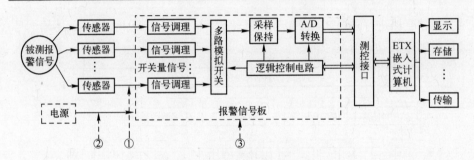

图 8-10　报警信号模块原理框图

通过分析报警信号模块的原理，可知其故障模式与仪表信号模块类似。报警模块可能发生的故障部位有 3 处，包括报警信号接口线缆故障、报警板内部电路故障、电源线缆故障。

①处为报警信号接口线缆，由 41 芯电缆线组成，连接了从各报警传感器传输过来的开关量信号，可能存在的故障为电缆线断线或短路；

②处为报警信号板的供电线缆，由 4 根线缆组成，分别为+12V、−12V、+5V 以及地线，可能出现的故障为各线缆断线或对地短路；

③处为报警信号板，它将传感器传输过来的开关量信号进行调理之后，经 A/D 采集、编码，然后软件依据判决门限判决各路信号是否报警，最后传输给主机，可能出现的故障为断线、与地线短路、信号线与电源线短路、某通道元件故障。

4．通信信号模块

通信信号模块主要实现驾驶员任务终端与车内其他部件之间的通信，它们之间的通信都是采用串行（RS422、RS485、RS232）的方式实现。图 8-11 为通信信号模块原理框图，各部件的通信线缆汇集成一个 19 芯的接口线缆与驾驶员任务终端连接，其中包括车长终端、滑板控制器、操纵控制器、发动机控制器、信息处理单元等。终端本身的 CPU 模块没有这么多串口，所以通信信号模块实际上是一个串口扩展卡，将 1 个串口转换成 5 个串口，实现了终端与各部件之间的"透明"传输，保障了终端与各部件之间通信的畅通。

通过分析通信信号模块的原理，可知其可能发生的故障部位有 3 处，包括通信信号接口线缆故障、通信板内部电路故障、电源线缆故障。

①处为通信信号接口线缆，它由 19 芯电缆线组成，连接了与驾驶员任务终端通信的车内其他 5 个部件，可能存在的故障为电缆线断线或短路；

②处为通信信号板的供电线缆，由 4 根线缆组成，分别为+12V、−12V、+5V 以及地线，可能出现的故障为各线缆断线或对地短路；

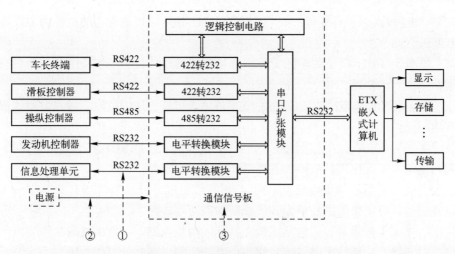

图 8-11　通信信号模块原理框图

③处为通信信号板，它实际上是一个串口扩展卡，实现了 1 个串口扩展为 5 个串口的功能，可能出现的故障为内部电路板断线、与地线短路、信号线与电源线短路、某通道元件故障。

5. 主板模块

主板模块主要是作为其他模块的载板，同时实现了按键检测、CCD 视频信号检测、CF 卡接口、调试接口、液晶显示等功能。主板上的电路分为不同的功能模块，每个功能模块通过线缆连接至对应的硬件，如图 8-12 所示。

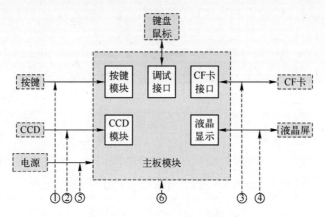

图 8-12　主板模块原理框图

通过分析主板模块的原理，可知其可能发生的故障部位有 6 处，包括各接口连接线缆故障、主板模块内部电路故障。

①处为按键连接线缆，由 16 芯线缆组成，按键模块通过键盘编码芯片将

12 个按键的状态进行编码，然后传输给 CPU 模块，可能存在的故障为电缆线断线或短路；

②处为 CCD 摄像头连接线缆，由 4 根线缆组成，可能出现的故障为各线缆断线或对地短路；

③处为 CF 卡连接线缆，共由 40 根线缆，可能出现的故障为各线缆断线或对地短路；

④处为 VGA 信号连接线缆，共有 12 根线缆，包括 RGB 三基色、行扫描、列扫描等，可能出现的故障为各线缆断线或对地短路；

⑤处为主板模块供电线缆，由 4 根线缆组成，分别为+12V、−12V、+5V以及地线，可能出现的故障为各线缆断线或对地短路；

⑥处为主板模块，它包括主板上各功能模块电路，可能出现的故障为内部电路板断线、与地线短路、信号线与电源线短路、各功能模块故障。

6. CPU 模块

驾驶员任务终端采用 ETX 嵌入式主板作为 CPU 核心板，固定在主板模块上，操作系统为 VxWorks 实时操作系统。其硬件配置如下：CPU 主频为 266MHz，内存大小为 64MB，Flash 硬盘大小为 16MB，数据存储盘大小为 32MB。

嵌入式技术扩展（Embedded Technology Extended，ETX）是嵌入式控制领域的一种工业应用的 PC 新标准，其具有高集成度、高可靠性、低功耗等特点，为嵌入式应用提供了完美的解决方案，因此在装甲车载终端上有广泛的应用。

ETX 主板包括 ETX 核心模块和 ETX 载板，核心模块通过其背面标准的 ETX-BUS（4×100pin）连接至载板，组成具有完整 PC 功能的 CPU 核心模块。由于 ETX 主板内部结构复杂，且不易测量，其可能出现的故障位置有电源、接口连接处、主板内部电路、CPU、内存、其他外围电路等。

7. 驾驶员任务终端故障特点

驾驶员任务终端从内部结构上讲，其基本组成单元为若干个功能的模块电路板和连接电缆，本系统要求诊断故障的成因要确认到模块板级。内部模块板上电路高度集成化，一块模块板集成了多个功能的单元电路，因此，这样也就带来了新的故障特点。

1）复杂性

由于每个模块电路板集成了多个功能的单元电路，也就造成了每个模块板有可能导致多种故障现象，这样就给故障诊断带来了很大的困难，仅仅从故障现象出发很难推断出故障模块。

2）传播性

故障传播有两种方式：横向传播，例如某一模块的故障引起层内其他模块功能失常；纵向传播，即某模块的故障相继引起子系统甚至整个系统的故障。系统中某模块处于故障状态后，由此可能引起与之有联系的上一层次（或同层次）部件的故障。也就是说，故障传播是一个连续触发的过程，一个故障的出现导致了一系列后继故障状态的发生。

3）相关性

由于单元电路之间并不是孤立存在的，它们之间有着很强的相互关联性。当一个故障出现后，故障会沿着与之相关的多条路径同时进行传播，从而引发多个后继故障现象的出现，表现为一因多果。此外，由于系统的复杂性，一个故障现象可能是由多个原因造成的，即一果多因。在进行故障诊断问题的研究中，一方面要关注系统所处的状态，另一方面也要关注系统状态的变化过程，因为不同的变化过程代表着不同的因果关系。

8.3.3　系统设计方案

对于车载计算机终端的维修检测，目前由生产厂家或装甲车辆大修厂来完成，而对于一般维修人员有很大的困难，大都进行车载计算机终端维护方面的工作。为了更好地提高装备的保障能力，培养维修人员对车载计算机终端的维修技能，以某型两栖装甲车的驾驶员任务终端为例，设计了一个驾驶员任务终端仿真器，开发了一套用于维修人员进行维修训练的系统。

本系统的总体设计框图如图 8-13 所示，其中信号发生器能模拟产生各传感器的信号和通信信号，用于驾驶员任务终端的外接信号源。

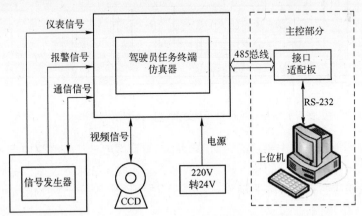

图 8-13　总体框图

维修训练系统主要由两部分组成。一部分是依据实际装备（驾驶员任务终端设备）的各部件的样式、尺寸和功能构建的驾驶员任务终端仿真器，其内部为各仿真板，用以模拟实际板卡的主要功能，并具有故障设置的功能。另一部分是主控部分，由上位机和接口适配板组成。上位机为普通 PC 机，通过主界面来对系统进行监控，完成故障设置、维修训练等功能。接口适配板一方面通过串口接收上位机的控制参数，另一方面通过 RS485 总线与各仿真板进行组网连接，"转发"上位机的故障设置和其他控制信息。系统要求上位机程序能够记录学员的维修训练过程，并给出训练效果评估结果。

8.3.4　终端仿真器设计

驾驶员任务终端仿真器的结构组成如图 8-14 所示，主要包括电源组件仿真板、虚拟仪表信号仿真板、报警信号仿真板、通信信号仿真板、GPS 信号仿真板、CCD 组件仿真板、键盘显示接口仿真板和 CPU 主板等模块。

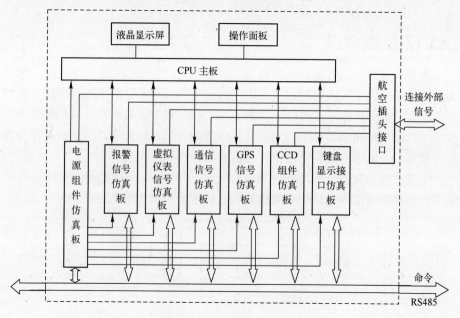

图 8-14　仿真终端硬件框图

各仿真板完成的主要功能有两部分：①仿真驾驶员任务终端内部各板块的功能特征，并产生相应的输入和输出信号。②接收主控部分发来的故障设置命令而完成相应的设置故障的操作。各仿真板的控制核心主要是 MSP430F149 单片机或 51 单片机。

CPU 主板：用于模拟实装对内部各部件的数据采集与处理，并将结果显示在液晶显示屏上，或者通过操作面板完成相关的输入操作。

电源组件仿真板：用于模拟实装的电源供电方式，提供+12V、−12V、+5V、−5V 和+3.3V 电源，供内部各部件使用，另外，通过故障设置单元设置所需的故障，通过 RS232 总线接口与 CPU 主板连接，通过 RS485 总线接口与外部连接。由于各仿真板的电路有两部分，一部分是功能电路，另一部分是用于设置故障的电路，后部分必须持续供电，由电源组件仿真板分出一路+5V 电源供仿真板中的设置故障电路供电。

报警信号仿真板：从航空插头接口接收输入信号，模拟实装的报警信息处理方式，在液晶显示屏上显示报警信息，另一方面，通过故障设置单元设置所需的故障，通过 RS232 总线接口与 CPU 主板连接，通过 RS485 总线接口与外部连接。

虚拟仪表信号仿真板：从航空插头接口接收输入信号，模拟实装的虚拟仪表信息处理方式，在液晶显示屏上实时显示各仪表数据，另一方面，通过故障设置单元设置所需的故障，通过 RS232 总线接口与 CPU 主板连接，通过 RS485 总线接口与外部连接。

通信信号仿真板：模拟实装的通信连接方式，构成 2 个 RS232 接口、2 个 RS422 接口、1 个 RS485 接口，分别与航空插头接口相连，另外，通过故障设置单元设置所需的故障，通过 RS232 总线接口与 CPU 主板连接，通过 RS485 总线接口与外部连接。

GPS 信号仿真板：模拟实装的 GPS 接收方式，通过内置 GPS 模块接收信息，另外，通过故障设置单元设置所需的故障，通过 RS232 总线接口与 CPU 主板连接，通过 RS485 总线接口与外部连接。

CCD 组件仿真板，模拟实装的 CCD 连接方式，与航空插头接口相连，完成视频信息的传输，另外，通过故障设置单元设置所需的故障，通过 RS232 总线接口与 CPU 主板连接，通过 RS485 总线接口与外部连接。

键盘显示接口仿真板：接收操作面板的键盘操作信息，完成相应的动作，另外，通过故障设置单元设置所需的故障，通过 RS232 总线接口与 CPU 主板连接，通过 RS485 总线接口与外部连接。

8.3.5　软件设计

软件设计主要包括两部分，一部分为驾驶员任务终端仿真器显示软件，另外一部分为上位机维修训练软件。

1. 驾驶员任务终端仿真器显示软件

驾驶员任务终端仿真器显示软件主要以某型装甲车驾驶员任务终端为样本，对实装界面进行了研究和仿真实现。软件将终端仿真器采集的物理信号经处理后显示在液晶屏上，其界面与实装完全一样。完成的主要功能包括：虚拟仪表显示（水上、陆上）、报警信号显示、通信信号显示（车长终端、滑板控制器、操纵控制器、发动机控制器、信息处理单元）、视频信号显示、地图导航、按键响应（面板按键功能响应）等。

终端显示软件主要以 Microsoft Visual C++ 6.0 作为最基本的开发工具，通过 MFC 实现界面显示的基本功能，同时利用第三方插件实现视频监测和电子地图等功能。程序主要包括 3 个模块，分别为数据获取模块、数据处理模块、界面显示模块。其中，利用多线程串口通信技术，给终端显示系统提供数据来源，解决了数据获取模块功能。数据处理模块负责数据帧的拆包解析，以及依据公式将传输数据转换成仪表显示数据。对界面显示模块进一步细分为虚拟仪表显示、电子地图导航、视频监测显示、超限报警显示和通信信号显示等几个部分。

虚拟仪表：驾驶员任务终端将传感器采集过来的车况信息通过虚拟仪表显示出来，仪表的指针让驾驶员对车况有直观地定性的认识，同时在每个仪表上显示具体的数值大小使得驾驶员能够精确的知道车况信息。程序利用 VC 开发虚拟仪表，使用组件技术，将单个虚拟仪表制成 ActiveX 控件，增强了虚拟仪表的可移植性和可维护性。

电子地图：电子地图为驾驶员提供地形地貌等信息，同时通过 GPS 导航、北斗导航提供驾驶员的行车路线。程序通过 MapInfo 公司提供的第三方插件 MapX5.0 开发电子地图显示模块，完成电子地图缩放，经纬度显示，地形地貌显示，GPS 数据的显示、定位标记、导航等功能。

视频监测：两栖步战车在水上行进时，主要依靠 CCD 采集视频图像进行辅助驾驶。程序采用 Intel 公司提供的开源计算机视觉库 OpenCV 插件，在 VC 的基础上开发出 CCD 视频采集模块，能够实现视频监测、图像采集等功能。

超限报警：当车内传感器检测到某一特征信号超过限定值时，将传送对应的报警信号给驾驶员任务终端，终端程序控制报警指示灯进行闪烁报警，同时以文字的方式显示对应的报警信号。对于需要进行超限报警的仪表盘（如机油压等），一旦指针指示到达报警界限，则指针立刻变为红色，同时报警指示灯闪烁，以起到警示的作用。

通信信号显示：驾驶员任务终端需要与车长终端、滑板控制器、操纵控制器、发动机控制器、信息处理单元等模块之间进行通信，终端程序依据串口传输过来的数据帧进行解析，得到具体的通信命令，然后显示在终端界面的指定位置。

图 8-15 为驾驶员任务终端显示界面，左边的为"陆上"的显示界面，主要包括各仪表状态、报警显示、通信信号显示等信息，右边的为"水上"的显示界面，主要为水上行进时视频检测信息、水上仪表显示及报警和通信信号显示。

图 8-15　驾驶员任务终端显示界面

2. 上位机维修训练软件

上位机程序完成系统管理、故障设置、维修训练、考核评估等功能。上位机程序的功能结构图如图 8-16 所示。

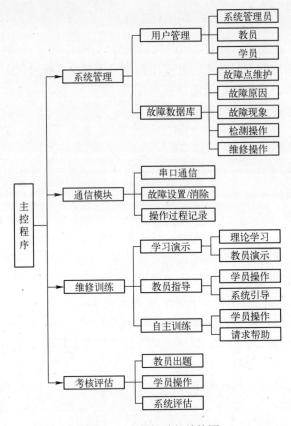

图 8-16　上位机功能结构图

系统管理：包括用户管理和故障数据库的管理。其中系统用户分为 3 类，即系统管理员、教员和学员，这 3 类用户在系统的应该过程中有不同的权限。系统管理员主要负责系统的维护，而教员和学员主要是在维修训练过程中完成不同职能。故障数据库是维修训练的一些基础数据库，其主要包括故障点维护、故障原因、故障现象、检测操作、维修操作，系统管理员负责故障数据库的录入、维护等。

通信模块：主要负责与接口适配板之间的串口通信，并依据维修训练过程的需求进行故障的设置/消除，同时能够记录维修人员的操作过程，以便用户查看和维修训练效果评估。

维修训练：依据所设计多模式维修训练系统的要求，将维修训练部分分成 3 个模块，各模块之间有着一定的递进关系。学习演示模块负责相关理论知识的学习和介绍，并由教员进行维修训练过程的演示操作；教员指导模块是指学员在教员或系统的指导下进行维修训练操作，教员指导实际上是一个维修专家系统；自主训练与真实的维修过程一致，只是学员可以请求系统的帮助，以帮助其完成维修训练。

考核评估：通过对学员的一段时间的维修培训后，可进行训练效果的评测，以检验学员的训练效果。首先由教员出题并设置相应硬件故障，然后由学员自主完成维修操作，系统将记录整个操作过程，最后依据各因素进行模糊综合评判，给出学员维修训练效果评估成绩。

8.3.6　信号发生器设计

信号发生器用于产生驾驶员任务终端在工作过程中所需的各种控制信号，辅助完成维修训练操作。

1. 信号分析

如图 8-5 所示，某型战车驾驶员任务终端通过其背面的航空插头与外部连接，分别连接传感器等接口完成虚拟仪表信号、视频信号、报警信号、通信信号以及电源信号的处理与显示。这些信号归结如下：

（1）电压信号：0～10V 范围内，误差±10mV。

（2）电阻信号：均为固定输出，误差±1.5Ω。

（3）方波信号：0～8kHz 范围，脉冲频率误差±1Hz，幅度 11.5V±1V（当供电为 12V，负载为 20kΩ 时）。

（4）开关量输出：开关耐压 40V，通路阻抗<600Ω，最大允许连续通过电流 10mA。

（5）开关量输入：输入电平低有效，输入端开路电压+24V，输入内阻 2.7kΩ，1～9mA 电流驱动有效。

（6）RS232、RS422、RS485 串行信号。

2．模块设计

1）信号发生器组成

信号发生器由 8 个部分组成，即 CPU 板、键盘与显示器信号仿真板、电源信号仿真板、模拟信号仿真板、开关信号仿真板、视频信号仿真板、通信信号仿真板、测试总线等，如图 8-17 所示。

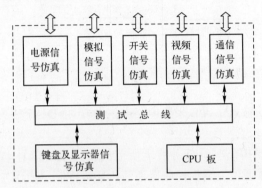

图 8-17　信号发生器组成图

2）电源信号仿真

此部分用于产生驾驶员任务终端内部电路板所需的各种电源电压信号，监测内部主要电源电压的变化状态。

3）模拟信号仿真

此部分用于模拟驾驶员任务终端所需的模拟信号，包括电压信号、电流信号、电阻信号、方波信号等。电路框图如图 8-18 所示。

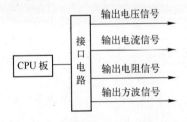

图 8-18　模拟信号产生电路框图

（1）模拟信号产生：模拟信号由 D/A 变换器 TLC7226I 产生，共产生 64 路模拟信号输出，用 LM124 作为射随器以提高驱动能力。

（2）模拟信号采集：模拟信号采集使用数字信号处理器 MSP430F149 内部的 8 路 12 位 A/D 变换器，通过 MAX308 模拟开关来完成 64 路采集通道。

（3）方波信号产生：方波信号产生由 M82C54 计数器来完成，通过对计数器的编程输出所需频率的方波信号。

4）开关信号仿真

此部用于模拟驾驶员任务终端所需的开关信号，包括输入开关量信号、输出开关量信号。驾驶员任务终端的报警信号是开关量信号，电路框图如图8-19所示。

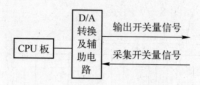

图 8-19　开关信号产生电路框图

开关量信号的输入由A/D采集电路产生，输出由D/A产生的模拟电压仿真。

5）通信信号仿真

此部用于模拟驾驶员任务终端所需的各种通信信号，包括车长终端通信、发动机控制器通信、滑板控制器通信、操纵控制器通信与信息处理单元通信，如图8-20所示。

驾驶员任务终端与其他部件的通信是通过串行信号来完成，采用串口扩展板，使用 ST16C554D 芯片，遵循 RS232、RS485、RS422 通信协议。

6）CCD 视频信号仿真

此部分用于模拟驾驶员任务终端所需的视频信号，如图8-21所示。

图 8-20　通信信号产生电路框图　　　图 8-21　CCD 视频信号产生电路框图

7）键盘及显示器信号仿真

此部分用于模拟驾驶员任务终端所需的键盘及显示器信号。驾驶员任务终端有12键，模拟每个键的信号发送到驾驶员任务终端以完成相应的操作。

3. 传感器输出信号的采集与模型建立

驾驶员任务终端的虚拟仪表的数据显示是由各部分的传感器输出信号经过调理后由 A/D 变换器采集的，每一类传感器的数据模型都不一样，驾驶员任务终端的传感器类型如图8-9所示。经过对传感器输出信号数据采集的初步分析，输入与输出之间近似为线性关系，采用回归分析来找出传感器的数据模型。

选择回归方程的类型为 $y=\alpha+\beta x$，其中：x 为输入，y 为输出，α、β 为常参数。根据最小二乘法原理，α、β 参数的计算如下：

$$\begin{cases} \alpha = (\sum y_j / m) - (\sum x_j / m)\beta = \overline{y} - \overline{x}\beta \\ \beta = \dfrac{m\sum x_j y_j - \sum x_j \sum y_j}{m\sum x_j{}^2 - (\sum x_j)^2} = \dfrac{\sum x_j y_j - m\overline{xy}}{\sum x_j{}^2 - m\overline{x}^2} \end{cases}$$

例如：驾驶员任务终端的发动机油压传感器，输出信号为电压，通过采集 50 组数据，采用上述公式计算得到 $\alpha=-0.368$，$\beta=0.662$，则数据模型为 $y=-0.368+0.662x$。表 8-1 为利用数据模型计算的理论值与实际采集值的比较。

表 8-1　发动机油压传感器计算数据

序号	电压值（x）	理论计算值（y）	实际采集值	误差
1	0.75	0.128	0.122	4.9%
2	1.00	0.294	0.308	4.5%
3	1.50	0.625	0.611	2.3%
4	2.00	0.956	0.943	1.4%
5	2.50	1.287	1.261	2.1%
6	3.00	1.618	1.626	0.4%
7	3.50	1.949	1.952	0.2%
8	4.00	2.280	2.272	0.4%
9	4.50	2.611	2.629	0.7%
10	5.00	2.942	2.951	0.3%

从表 8-1 可看出，计算误差在 5%内，满足系统要求。在实际测试过程中，经过大量的数据采集和数学运算，建立了传感器信号的所有数学模型，经检验数据结果的误差均在 5%内，满足检测要求。

8.3.7　维修训练

维修训练系统硬件连接关系图如图 8-22 所示，从图中可知，本系统包括 3 部分硬件，从左至右分别是上位机、驾驶员任务终端仿真器、信号发生器。其中，上位机通过 RS232 串口与仿真终端相连对系统进行监控，完成故障设置、维修训练等功能；终端仿真器仿真了实装终端工况信号采集、传输、显示等功能，同时可以进行硬件故障模拟，为维修人员提供了一个维修训练平台。

图 8-22　系统连接关系图

图 8-22 所示的驾驶员任务终端仿真器内部结构中的每一块 PCB 板都对应为一个仿真模块。当维修训练人员进行维修操作时可以通过仪器、仪表对 PCB 板上的测试点进行测量，以确定故障位置，从而实现换板维修。

维修训练系统包含 4 种训练模式：

（1）"学习演示"模式主要进行理论知识的教学和教员进行维修操作演示。

学员在进行维修训练操作之前需掌握被维修装备的基本原理、内部构造、故障机理及维修流程等。该训练模式下，通过教员的讲解和系统提示，指导学员完成初步的维修认知，为进一步的维修训练操作打下基础。

（2）"教员指导"模式是指学员在教员或维修训练系统的指导下完成维修操作，图 8-23 所示为教员指导下的维修训练，教员首先通过左侧的树状图选择故障模块，然后选择对应的故障点设置故障，学员按照基于故障树生成的维修操作流程图进行相应的检测和维修操作。

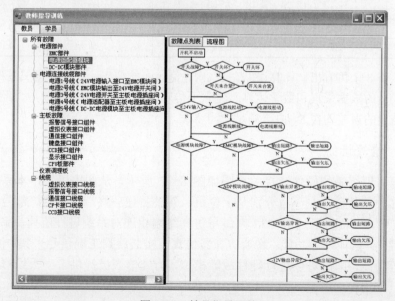

图 8-23　教员指导训练

（3）"自主训练"是指学员经过一段时间的"教员指导"训练之后，对整个仿真终端的原理以及故障模式有一定的了解，学员依据自身情况，自己设置故障，然后进行相应的检修操作。

图 8-24 所示为"自主训练"模式，首先学员通过左侧的故障现象列表选择希望训练的故障现象，接着系统将随机设置一个导致这个故障现象的故障点，这时在半实物仿真终端上将出现相应的故障现象，接着学员可以进行相应的检测和维修操作，当学员找到故障点时，可以通过软件指认故障或者通过硬件进行换板操作，学员在进行检修操作时，系统将记录并显示其相应的操作。如果学员在"自主训练"过程中遇到困难时，可以请求系统的帮助，系统将提示故障点及其检修方法和维修步骤。

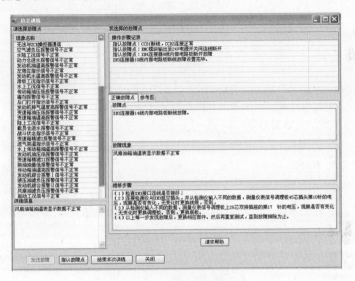

图 8-24　学员自主训练

图 8-25 为学员在维修时指认故障点的操作，学员通过左侧的树状图选择所需要指认的故障点所在的模块，然后通过右侧的列表选择具体的故障点，当找到正确的故障点之后终端将恢复到正常状态。同时系统也提供换件维修的功能，当学员找到故障点之后首先关闭驾驶员任务终端仿真器的电源，然后拆卸下疑似故障模块，换上备有的正常模块，再开机进行检测。由此可见，对于终端仿真器的检测都是在硬件上完成的，而维修可以通过软件指认故障点进行维修训练，也可以通过硬件换板进行维修训练。

由于在拆卸过程中可能损坏终端中其他模块，为了保证终端仿真器的可靠性和其使用寿命，一般建议通过软件进行故障点的指认，以达到维修训练的目的。

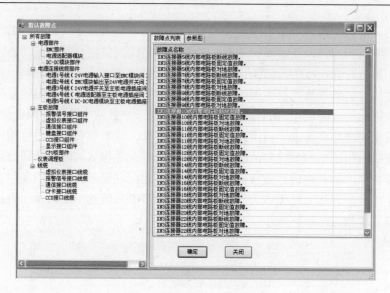

图 8-25　学员指认故障点

（4）"考核模式"是在教员的指导和自主练习后，对学员初步维修能力的检查，检验学员的学习效果。

图 8-26 为考核模式下教员进行故障设置的操作，教员首先通过左侧的树状图选择故障点所在模块，右侧为具体的故障点选择和其对应的故障现象及维修步骤。在教员设置完故障之后，学员先观察或使用仪器检测故障现象，然后依据故障现象进行相应的检修操作，当找到故障点之后，学员可以通过软件指认故障点或通过硬件换板实现维修。

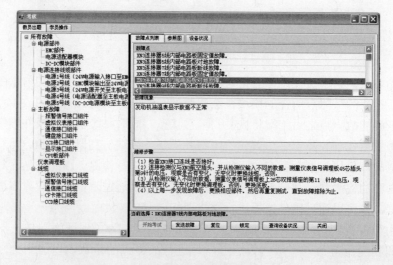

图 8-26　考核模式

　　学员考核过程中的维修操作记录表，以 Word 格式显示，其中包括学员的一些基本信息和教员所设置的故障点，以及学员的维修过程和考核用时。当学员考核完成之后，上位机软件根据学员的维修操作记录，利用模糊综合评判法，综合评估学员的维修训练效果，最终给出一个合理的、量化的综合评分，以评价学员的考核成绩。

参 考 文 献

[1] 刘瑞新. 计算机组装、维修及实训教程[M]. 北京：电子工业出版社，2008.

[2] 易建勋. 计算机维修技术[M]. 北京：清华大学出版社，2014.

[3] 江伴东，叶君耀，卢荣华，等. 微机硬件基础与维护技术[M]. 上海：同济大学出版社，2012.

[4] 叶润华. 数据修复技术与典型实例实战详解[M]. 北京：人民邮电出版社，2015.

[5] 马林. 数据重现[M]. 北京：清华大学出版社，2005.

[6] 邵善强. 硬盘维修与数据恢复标准教程[M]. 北京：人民邮电出版社，2010.

[7] Paterno F, et al. Engineering Task Models, Proceedings[C] Third IEEE International Conference on Engineering of Complex Computer System（ICECCS, 97）, Lake Como, ITALY, September 2008, 69-76.

[8] Duncan T J, Vance J M. Development of a Virtual Environment for Interactive Interrogation of Computational Mixing Data[J]. Journal of Mechanical Design, 2007, 129（3）:361-367.

[9] Bowman D A, McMahan R P. Virtual Reality: How Much Immersion Is Enough[J]. Computer, 2007, 40（7）: 36-43.

[10] 单家元，孟秀云，丁艳. 半实物仿真[M]. 国防工业出版社，2008.

[11] 郭齐胜，董志明，单家元. 系统仿真[M]. 国防工业出版社，2006.

[12] 梁炳成，王恒霖，郑燕红. 军用仿真技术的发展动向和展望[J]. 系统仿真学报，2001, 13（1）:18-21.

[13] Eguchi H, Obana K, Kamiya M. Hardware in the loop missile simulation facility[J]. Proc. SPIE, 1998, 3368:2-9.

[14] Michael Short, Michael J. Pont. Hardware in the Loop Simulation of Embedded Automotive Control Systems. The 8th International IEEE Conference on Intelligent Transportation Systems. September 13-16, 2005.

[15] 解璞，苏群星，谷宏强. 装备虚拟维修训练系统设计方法研究[J]. 系统仿真学报，2006, 18（8）:2195-2198.

[16] 杨宇航，李志忠，郑力. 虚拟维修研究综述[J]. 系统仿真学报，2005, 17（9）: 2191-2195.

[17] Mclin D M, Chung J C. Combining virtual reality and multimedia techniques for effective maintenance training [J]. Proceeding of the SPIE-International Society for Optical Engineering, 1996, 2645: 204-210.

[18] 洪津，张万军. 虚拟维修训练系统发展综述及其关键技术探讨[J]. 解放军理工大学学报，2000, 1(1): 63-67.

[19] 苏群星，刘鹏远. 大型复杂装备虚拟维修训练系统设计[J]. 兵工学报，2006, 27（1）:79-83.

[20] 韩晓鸿，刘鹏远. 某型导弹虚拟维修训练系统设计研究[J]. 微计算机信息，2006, 22（4-1）:305-306.

[21] 梁计春. 05 式两栖装甲步兵战车构造与使用[M]. 北京：解放军出版社，2007.

[22] Huang H Z, Tong X, Ming J，et al. Posbist fault tree analysis of coherent systems[J]. Reliability Engineering and

System Safety, 2004, 84（2）:141-148.

[23] Saaty T L, Vargas L G. The Analytic Hierarchy Process: Wash criteria should not be ignored[J]. International Journal of Management & Decision Making, 2006, 7（2/3）:183-188.

[24] Yeo S H, Mak M W, Balon S A P. Analysis of decision-making methodologies for desirability score of conceptual design. [J]. Eng. Design, 2004, 15（2）: 195-208.

[25] 冯辅周, 安钢, 刘建敏. 军用车辆故障诊断学[M]. 北京：国防工业出版社, 2007:496-521.

[26] 彭静, 田萍芳. 故障诊断卡及其使用[J]. 计算机与数字工程, 2006, 34（11）:67-68.

[27] 刘东飞, 严春, 毕常青. 诊断卡的设计与实现[J]. 计算机应用研究, 2004,（5）:118-120.

[28] 薛弼, 李齐, 邵惠鹤. 基于 485 总线的板级通信标准协议[J]. 微型电脑应用, 2006, 21（10）:4-6.

[29] 王茜, 汤冬谊. 基于 RS485 主从通信协议的实现[J]. 现代电子技术, 2003,（24）:67-68.

[30] Regulation 350-70-6:Training Systems Approach to Training Analysis[R]. Virginia:Training and Doctrine Command, 7 September 2004.

[31] Dennis K N. How to develop an effective training program[J]. IEEE Industry Applications Magazine, 2006（5-6）:39-46.

[32] 谭继帅, 郝建平. 浅析当前装备维修训练的发展趋势[J]. 设备管理与维修, 2007, 34（11）: 11-12.

[33] 张磊, 冀海燕, 卢文忠. 模拟器设计与维修训练应用仿真研究[J]. 现代防御技术, 2011, 39（1）: 153-156.

[34] 刘秋丽, 马晓军, 魏曙光, 等. 坦克电气系统模拟维修训练系统设计与实现[J]. 计算机测量与控制, 2012, 20（9）: 2450-2453.

[35] 赵春宇, 郝建平, 李星新, 等. 基于电子装备虚拟样机的故障诊断训练设计[J]. 计算机工程, 2010, 36（11）: 226-228.

[36] 王珉, 胡茑庆, 杨思峰, 等. 基于故障仿真的故障知识库应用研究[J]. 宇航学报, 2010, 31（4）: 1253-1258.

[37] 郭从良. 信号的数据获取与信息处理基础[M]. 北京：清华大学出版社, 2009.

[38] 陈建明, 刘军辉, 丑力. 某型战车驾驶员任务终端检测仪的设计[J]. 计算机测量与控制, 2010, 18（12）: 2792-2794.